出版十週年暢銷萬本新版

冰山在融化

John P. Kotter　　Holger Rathgeber

約翰・科特 ————— 著 ————— 赫爾格・拉斯格博

在逆境中成功變革的關鍵智慧

OUR ICEBERG

IS MELTING

Changing and Succeeding Under Any Conditions

蕾貝卡・索洛 Rebecca Solow ———— 繪　　王詵茹　　譯

目次

PART 1 │ 管理寓言

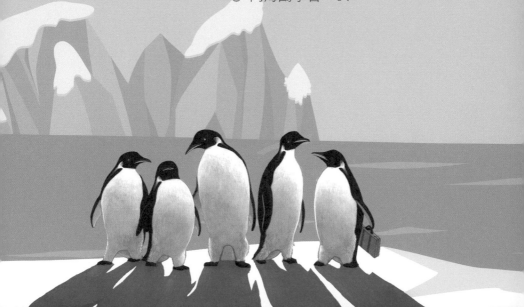

作者簡介

約翰・科特（John Kotter）

　　經常被稱譽為全球最具權威的企業領導與變革大師，同時也是哈佛商學院榮譽教授、《紐約時報》暢銷作者，以及科特國際顧問公司（Kotter International）的共同創辦人。著有數本國際暢銷書，包括年度最佳商管書《領導人的變革法則》（*Leading Change*）、《引爆變革之心》（*The Heart of Change*）、《冰山在融化：在逆境中成功變革的關鍵智慧》（*Our Iceberg Is Melting*），以及《這不是我們做事的方法！：組織的興起、殞落，再崛起》（*That's not How We Do It Here!: A Story about How Organizations Rise and Fall—and Can Rise Again*）等。

赫爾格・拉斯格博（Holger Rathgeber）

　　全球 500 強企業前執行長、科特固定合作的協力作者（尤其是 2016 年出版的《這不是我們做事的方法！》，以及科特國際顧問公司首席顧問。

科特國際顧問公司

一家創新型態的企管顧問公司，協助團隊及組織發展潛能、釋放更多的能量。也協助領導者建立永續的組織，這些組織不但快速、靈活，而且可靠、有效，並以比領導者期待還快的速度，實現策略和永續的成果。

如果需要更多資訊和真實組織（不是企鵝王國）的研究案例，歡迎造訪我們的網站，網址是：www.kotterinternational.com。

譯者簡介

王諟茹

　　德國麥茨（Mainz）約翰尼斯‧古騰堡大學翻譯學碩士，曾任職國內大學及出版社等。現旅居瑞士，從事漢語教學及翻譯工作，並於蘇黎世大學鑽研漢學及心理學。

推薦序
但見包藏無限意

洪世章

　　任何組織或個人的發展，包括企業的成長、專業的培養、功夫的發揚光大等，都會走過「守破離」的三個階段。「守」是「守成」，為按部就班，繼續從事與精進現有的工作；「破」就是變革，指的是打破以往的教條，找到新的方向；「離」就是脫離過往，確立自己的風格，成為真正的「一代宗師」。「守破離」中的「破」、也就是變革的階段，最是困難，因為人是習慣的動物，「多一事不如少一事」，更不用談變革必然影響到既有的利益。但因為大破才能大立，「不經一番寒徹骨，那得梅花撲鼻香。」如何突破困境、成功變革，也就一直是領導人關心的重點。

　　實務的需求，帶動理論的發展。在許多的變革方案中，科特（John Kotter）所提出的八階段變革步驟，可能算是應用最廣、也是最為大家熟悉的觀念架構。而在談到科特的架構時，

就不能不先回顧一下李溫（Kurt Lewin）的三階段變革理論，因為這是啟發科特想法的主要源頭活水。被尊稱為社會心理學之父的李溫指出，成功的組織變革必會遵循三個步驟：首先是將現有的狀態解凍（unfreezing），這既要減弱抗拒力量，也要創造變革所需的動力；接著是指明改變的方向和方法，發起行動、實施變革，推動（moving）成員移到所期望的狀態；最後是再凍結（refreezing），也就是確保變革的成果能夠穩定在一個新的均衡狀態，不容易被輕易改變。

相較於李溫的簡單模型，科特的八階段變革步驟更為具體、也更為貼近真實的管理世界。在比較對應上，科特的前四個步驟（建立危機意識、成立領導團隊、提出變革的願景和策略、溝通願景，讓大家接受）屬於「解凍」階段，第五與第六步驟（授權員工參與、創造短期成效）代表的是「推動」，最後的第七與第八步驟（鞏固戰果並再接再厲、創造新文化）屬於「再凍結」。做個比喻，李溫的模型比較像是變革的心法，科特的模型更像是變革的招式；如果李溫的模型是《九陽真經》或是《葵花寶典》，科特的方法就是「武當九陽功」或是「辟邪劍法」。雖然同出一脈，但實用性還是有所不同。

雖然科特的八階段變革步驟有理論、有方法，但要能夠深入人心，還是有點困難，畢竟我們都是芸芸眾生，太忙碌，沒空細讀品味，而用寓言故事來闡述，就是一個傳道說理的好方法。在這本書，科特與拉斯格博（Holger Rathgeber）兩位用面對融化冰山的企鵝王國故事，說明組織要如何面對困境，提

出因應策略，而能變革成功。雖然故事的人物眾多、劇情高潮起伏，但情節的發展主軸，就是依循著變革八階段鋪陳開來。如果你已熟悉這八個階段，你會發覺好像在看個熟悉情節的動畫版（就像金庸小說迷期待電視劇一般），尋尋不可自拔。如果你不熟悉這八個階段，等到讀完故事，看到最後的八階段說明，想必一定會有撥雲見霧、豁然開朗的感覺。科特能夠用生動的比喻，將生硬的理論轉化成多數人覺得親切、容易理解的事物，真不愧是一代大師。

　　「不知醞藉幾多時，但見包藏無限意。」

（本文作者為前科技部人文司司長、國立清華大學科技管理研究所清華講座教授）

前言

史賓賽 · 強森（Spencer Johnson, MD）

　　從表面上來看，這本精采有趣的書淺顯易懂，似乎只是一則簡單的寓言故事，但正如諺語「冰山一角」所指，這只是引發我們做更深層探討的開端而已。

　　之前在哈佛商學院與作者約翰 · 科特共事時，我發現他比任何地方的任何人都要精通組織變革之道。全球很多領導人及經理人都讀過他備受推崇的著作《領導人的變革法則》（*Leading Change*），並認為他提出的 8 大步驟是確保組織變革成功的最佳途徑。

　　但這些跟我們大多數人有什麼關係？

　　藉由《冰山在融化》這本書，所有在組織工作的人，也就是我們大多數的普通人，都可以有效運用這 8 大步驟，在現今快速變化的環境中取得更多成功。

冰山在融化
Our Iceberg Is Melting

　　科特教授和本書共同作者赫爾格・拉斯格博（Holger Rathgeber）都是極具創意的人，他們在本書中讓我們看到一群身處逆境的企鵝如何自發地運用了這些步驟。

　　無論你是在企業工作，或是為了營造更好的生活，從執行長到高中生，每個人都能從這則寓言中獲益良多。

　　接下來享受著閱讀本書的同時，你可能會禁不住自問：「那我的『冰山』是什麼？要如何在現實生活中運用我從這本書學到的訣竅？」

　　與其他夥伴分享你的收穫！畢竟，當周遭每個人都能與你達成共識時，事情往往才會獲得更妥善的解決。

（本文作者著有《誰搬走了我的乳酪》、《一分鐘經理》等國際暢銷書）

歡迎

　　如果能妥善應對變革的挑戰，就會成功發達；反之，則會置自己和他人於危險之地。

　　不論是一般人或是組織，經常看不到改變的需求，不清楚該做什麼，或如何有效推動變革，遑論如何讓變革持之以恆。不但企業做不到這點，就連學校體制，甚至國家也都做不到這點。

　　我們研究變革的挑戰已有數十年的時間。我們很清楚聰明的人會掉入什麼樣的陷阱，也知道可以確保團體成功的步驟。我們會將我們所發現的，一一向讀者闡述。

　　我們並不是用說教的方式，而是運用幾世紀以來幫助許多人學習的獨特方法，讓書中的道理自見，那就是：寓言故事。

　　寓言故事之所以更具說服力和效力，原因在於它可以將嚴肅、費解和危迫的議題，化為清楚、可親，且易於理解及實行的資訊。寓言故事讓人容易記住，而不是像其他眾多資訊那樣，今天還在對我們疲勞轟炸，明天轉眼就被

我們遺忘。寓言故事會刺激我們思考，提供寶貴的教訓，激發每個人以教訓為殷鑑，無論老或少。身處在現代這個高科技的世界裡，我們很容易忘記了這個簡單卻又深奧的道理。

讀者如果熟悉本書故事發生的背景，也就是南極，就會知道我們故事裡企鵝的生活，並不像國家地理頻道播出的紀錄片那樣。寓言故事就是這樣。別以為一則有趣的故事，配上插畫之後，肯定就是兒童讀物；你很快就會發現，本書內容是有關現實生活的問題，而且是讓組織裡每個人都會感到挫折的問題。

接下來要開始闡述的這則寓言故事，是受到約翰·科特獲獎的研究所啟發，他針對成功的變革究竟如何發生，做了一番研究。所有人都會遇到像這則故事裡面發生的基本議題，但很少人能夠拿出什麼極具效力的方法來處理這些議題。而這就是本書的冰山寓言所要探討的。

冰山在融化

在逆境中成功變革的關鍵智慧

Our Iceberg Is Melting:
Changing and Succeeding Under Any Conditions

約翰‧科特（John Kotter）
赫爾格‧拉斯格博（Holger Rathgeber）◎著
蕾貝卡‧索洛（Rebecca Solow）◎繪
王譓茹◎譯

OUR ICEBERG IS MELTING

PART 1 | 管理寓言

1 我們的冰山 絕對不會融化

很久很久以前，有一群企鵝住在冰天雪地的南極洲的一座冰山上，一個靠近今天被稱為華盛頓角（Cape Washington）的地方。

　　這座冰山已經屹立在那裡很久了。它的周圍是食物豐富的海域，表面則是終年不化的巨大雪牆，可以保護這群企鵝不受寒冬暴風雪的襲擊。

　　自有記憶以來，他們就一直生活在這座冰山上。「這裡是我們的家。」如果你去拜訪他們的冰雪王國，他們會這樣告訴你。「這裡永遠是我們的家。」以他們的邏輯而言，這再自然不過了——冰山永遠是他們的家。

　　在他們住的地方，一旦浪費體力，就可能性命不保。大家都明白，唯有相互依偎才能存活，所以他們學會團結，像個大家庭般地生活在一起（當然，這有利也有弊）。

　　這些鳥真的很漂亮，他們叫做皇帝企鵝（emperor penguin），是存在於南極洲 17 種動物中體型最大的，看起來就像是永遠穿著一件燕尾服。

　　這個企鵝王國有 268 位公民，其中一位叫弗雷德。從外觀而言，弗雷德跟其他企鵝沒什麼不同。你或許會用「漂亮」或是「高貴」來形容他——但若你討厭動物，那

就另當別論了。不過,弗雷德和其他企鵝相比,有個非常
明顯,也十分重要的不同之處。

這是弗雷德,
他正在看海。

弗雷德很有探究新事物的好奇心,而且觀察力很強。

為了生存,其他企鵝經常去捕魚,因為在南極洲,除
了魚之外,就沒有其他食物了。相較之下,弗雷德不常去

捕魚，但經常研究冰山和海洋。

其他企鵝經常與親友聚會，而弗雷德雖然是個好先生、好爸爸，但在社交方面並不像別人那麼活躍。他經常獨自一人帶著小本子，記下他所觀察到的一切。

你可能會認為弗雷德很怪異，而別的企鵝不願和他這樣的異類共處。但事實並非如此，弗雷德只是在做他認為對的事。結果，他對自己所觀察到的現象越來越感到震驚。

弗雷德有一個「公事包」，裡面裝滿了他的各種觀察結果、想法和結論（沒錯，是公事包；別忘了，這可是一則寓言故事）。所有訊息都越來越令人感到憂心，彷彿有某個事實正呼之欲出……

2 冰山在融化,而且可能就快崩塌了!

　　一座冰山如果轟然碎裂、崩塌,對企鵝來說無疑是場大災難,尤其如果發生在寒冬的暴風雨中,勢必將有許多老幼企鵝因此喪命。誰能預料這可能會造成什麼樣的後果呢?就像其他難以想像的災難般,沒人能擬定一套周詳的計畫來應對。

　　弗雷德並不是一隻容易驚慌的企鵝,但他越是研究自己所記錄的觀察結果,就越發煩惱不安。

　　弗雷德知道應該要採取行動,但他沒有任何立場指揮其他企鵝。他既不是企鵝王國的領導人,也不是某位領導人的兒子、兄弟或是父親,而且也沒有任何紀錄顯示他是值得大家信任的冰山預言家。

弗雷德還記得大家是怎麼對待哈洛德的。哈洛德曾經暗示大家，他們的冰山家園變得越來越脆弱，但大家都把他的話當耳邊風，不予理會。哈洛德便設法蒐集證據證明其言屬實，然眾企鵝對他的努力竟都嗤之以鼻，甚至出言嘲諷：

> 「哈洛德，你真是庸人自擾啊。吃隻魷魚吧，你
> 會覺得好過一些。」
> 「脆弱？哈洛德，你在上面跳跳看，就算你找來
> 50 隻企鵝同時在上面蹦蹦跳跳，會有什麼事情
> 發生嗎？啊？」
> 「哈洛德，你的觀察滿有趣的，但是我們可以用
> 四種非常不同的方式來解釋。嗯，如果我這樣假
> 設……」

　　有些企鵝什麼也沒說，他們對待哈洛德的態度卻開始有了改變。這變化雖然細微，但弗雷德卻注意到了。而且很顯然地，這個情形將來也不會好轉。

　　弗雷德覺得自己很孤單。

3 我該怎麼辦？

企鵝王國中，有一個由企鵝國王為首，被稱作「十人團隊」的專門領導團隊（年輕一輩的企鵝對此團隊倒是有別的稱呼，不過這是另一個故事了）。

愛麗思是「十人團隊」的一員，她嚴謹務實，是知行合一的實踐家。但她同時卻很平易近人，不像其他成員如此自命清高。皇帝企鵝看來的確都有些高高在上，但其實並非每隻企鵝都如此。

弗雷德心想，愛麗思應該不會像那些居高位的企鵝一樣，輕易地否決自己的觀點，所以他決定找愛麗思談談。果不其然，無須預約，弗雷德就見到了愛麗思。

弗雷德侃侃而談自己的觀察與結論，愛麗思也仔細聆聽。不過坦白說，愛麗思的心裡其實猜想著，弗雷德是不

是遇到了某些私人問題，例如與太太鬧彆扭？或是吃了太多汞含量超標的魷魚？

然而，愛麗思就是愛麗思，她並沒有因此無視弗雷德的觀點。相反地，她半信半疑地對弗雷德說：「帶我到你認為最能反映問題的地方看看吧！」

那個「地方」並非在冰山表面。冰山表面很難看到融化的跡象，以及將來可能造成的後果，唯有從底部及內部才能一覽全貌。弗雷德試著向愛麗思解釋，她雖聚精會神地聽著，但在企鵝王國內，愛麗思並不算是很有耐心的企鵝。弗雷德話音甫落，愛麗思就按捺不住性子說道：「好了，好了，可以了！我們這就去看看吧！」

　　對企鵝而言，跳入水中是件相當危險的事，因為水中潛伏的海豹和虎鯨（也稱逆戟鯨）會襲擊粗心大意的企鵝。我們無須在此詳列水中暗藏的危機，那太無趣了，簡而言之，誰都不想被虎鯨或海豹攫住。所以當弗雷德和愛麗思一起跳入海中時，都本能地變得格外小心。

　　在水裡，弗雷德指出正在融化的冰山所造成的裂縫，以及其他明顯的惡化徵兆。愛麗思十分訝異自己先前從未發現這些狀況。

　　接著，弗雷德轉入冰山邊緣的一個大洞內，愛麗思繼續跟在他的身後。他們穿過一條幾公尺寬的水道，游進冰山最深的核心之處。映入眼簾的，是一個既寬大，又灌滿水的洞穴。

　　愛麗思試圖理解眼前所見的一切現象。然而，她的長才是領導，而非研究冰山。弗雷德看到了愛麗思臉上的困惑，當他們回到冰山表面後，便向愛麗思說明這些現象的緣由。

　　長話短說吧！

　　冰山跟冰塊並不相同。冰山內部產生的裂縫叫做水道，水道會通往某些大空間，也就是洞穴。當冰山融化至一定程度時，水就會進入裂縫，迅速地灌滿水道和洞穴。

　　嚴寒的冬天，灌滿水的狹小水道很快便會結冰，並堵住洞穴內的水；一旦溫度持續下降，洞穴內的水也會跟著結冰。由於液體凝固後體積迅速膨脹，冰山可能就會破裂，因而崩塌。

　　數分鐘後，愛麗思漸漸明白弗雷德為什麼會如此惴惴不安了。這個問題將會變得多嚴重呢……

這絕對不是什麼好事。

　　愛麗思雖然感到非常震驚，但沒有表現出來，反而向弗雷德提出一連串的問題。

　　「我必須好好思考一下我所看到的一切，」愛麗思說，「我很快就會找一些領導人談談。」她的思緒飛速運轉，想著後續的相關事宜。

　　「我需要你的協助，」愛麗思告訴弗雷德，「你得做好準備，幫助其他企鵝看見這個問題，並意識到問題的嚴重性。」她頓了頓，隨即補充道：「但是你要有心理準備，有些企鵝不願面對真相。」

　　語畢，愛麗思便向弗雷德道別。弗雷德此刻的心情可說是憂喜參半。

　　喜的是：他不再是唯一知道風雨欲來的企鵝，也不是唯一認為必須趕快設法解決的企鵝。

冰山 在融化
Our Iceberg Is Melting

憂的是：他還沒有任何解方。此外，他也不喜歡愛麗思所說的「要有心理準備」，以及「有些企鵝不願面對真相」。

再兩個月，南極洲的嚴冬將臨。

4　問題？有什麼問題？

　　接下來幾天，愛麗思聯絡了領導團隊的所有成員，包括國王路易士。她希望領導團隊的眾企鵝可以沿著他和弗雷德走過的路線走一遍。大部分的成員靜靜地聽她敘述，卻面露懷疑，心中猜想著愛麗思是不是遇到了某些私人問題？還是婚姻亮起了紅燈？！

　　這些成員當中，沒一個有興趣前往大洞穴一探究竟。少數幾位甚至表示，因為有其他要事待辦，所以沒時間與愛麗思見面──他們所謂正忙著處理的要事，竟然只是有隻聒噪的企鵝，跑來投訴另一隻企鵝在他背後扮鬼臉（這事有點詭異，因為企鵝並不會扮鬼臉）。

　　此外，他們也針對每週例行會議的時間應為兩小時，或是該延長為兩個半小時討論了一番，因為有些企鵝絮絮

叨叨，有些則行事俐落，所以這是值得爭論的焦點話題。

愛麗思建議路易士邀請弗雷德參加下次的領導團隊會議，他才有機會陳述自己的觀察與論點。「聽你說了弗雷德的事情後，我非常樂意聽聽他的見解。」路易士技巧性地回答道。

然而，弗雷德既不出名，也不曾在領導人面前發言，所以路易士實際上並未安排讓弗雷德親自到場陳述的會議時間。但是愛麗思相當堅持，她提醒路易士，有必要時必須冒險一下：「你一直以來都很勇於冒險，不是嗎？」這句話有幾分正確，也讓路易士感到些許飄飄然（但愛麗思的動機其實再明顯不過）。

最終路易士同意讓弗雷德與會，愛麗思便邀他前來。

弗雷德在準備會議的講稿時，原本打算使用統計數字說明冰山現況，例如：企鵝王國縮小的面積？有多少條水道？有多少洞穴已灌滿了水？又有多少裂縫是因冰山融化所造成的……？但在向一些年長的企鵝打聽「十人團隊」的狀況後，弗雷德得到了一些資訊：

- 領導團隊中，有兩位很喜歡針對統計數字的真實性進行辯論，且辯論時間往往可持續數小時，簡直欲罷不能。這兩位就是極力主張應延長會議時間的代表。

- 有一位只要聽到含統計數字的長篇大論就會進入夢鄉（或至少顯得昏昏欲睡）。他的鼾聲經常打斷別人的發言。

- 還有一位只要聽到數字就全身不舒服。他會不停點頭，好掩飾內心不安。此舉經常惹怒其他成員，導致口角發生，最後不歡而散。

- 團隊中至少有兩位曾非常明確地表示，他們不喜歡**被別人告知**任何事，所有事應該都是**由他們宣告**才對。

審慎思考後，弗雷德決定採用一個與原先方案截然不同的計畫參加會議。

他製作了一個 4 英呎高、5 英呎寬的冰山模型。對弗雷德來說，這並不是件簡單的事（因為他沒有手，也沒有手指，自然無法像人類一樣靈活）。

模型完成後，弗雷德覺得它不夠完美，但愛麗思覺得這個點子很有創意，模型也做得很好，足以幫助領導團隊看見問題所在。

會議前一晚，弗雷德和他的朋友必須先把模型搬到會場。倒楣的是，會場竟是在冰山的最高處。才搬到山腰，朋友們便怨聲四起：「你說說看，我到底為什麼要幫你做這事啊！」這句話還算是說得相當客氣的一句了。

　　如果企鵝會發出嘀咕與呻吟，搬運沿途應該會不斷地
聽到這兩種聲音。

隔天一早，當弗雷德抵達會場時，領導團隊已經聚集在模型四周。有的正在激烈辯論，有的看似有些不明所以。

愛麗思向團隊介紹弗雷德。

路易士是國王，會議通常都由他主持，今天也不例外。他在開場致詞時說道：「弗雷德，我們想聽聽你的發現。」弗雷德恭敬地向人家鞠躬。他察覺到路易士和某些成員顯然相當樂意傾聽他的發言，某些似乎保持中立態度，甚至有幾位毫不掩飾他們對此事的不耐與懷疑。

弗雷德整整思緒，隨後便鼓起勇氣，開始講述他的發現。他先針對自己研究冰山的方法、發現冰山變化的過程進行解釋，並說明寬大水道和灌滿水大洞穴的出現，都是冰山融化所造成的惡化徵兆。

弗雷德不時透過模型引導聽眾，並闡述他的觀點。領導團隊的成員紛紛湊近觀看，除了一位以外。

接著，弗雷德掀開模型的上半部，讓大家看那個大洞，並解釋它可能帶來的災難。此時一片靜寂，即使只是一片雪花墜落，也鏗鏘有聲。

弗雷德的報告結束，全場鴉雀無聲。

愛麗思率先打破沈默：「我親眼目睹一切。灌滿水的洞穴非常巨大，很嚇人。我還看到其他崩毀的徵兆，這一

切一定都是冰山融化引起的。我們不能再坐視不管了！」

幾位成員點了點頭。

然而，領導團隊中有一位年紀略長、身形圓潤的企鵝，名叫非也（NoNo），負責天氣預報。關於他名字的由來，有兩派說法：一個是他的曾祖父亦名為非也；另一個則是他在嬰兒時期學會的第一個詞，並不是「媽媽」，也不是「爸爸」，而是「非也」。

非也已經習慣別人指責他的天氣預報總是不準，卻無法理解冰山融化怎麼可能會造成危險。他情緒異常激動地表示：「我都有定期報告我對氣候的觀察結果，以及氣候對我們的冰山會產生的影響，」非也繼續大聲地說，「我以前就說過，夏天由於氣候溫和，會造成冰山短暫地融化，這很常見；到了冬天，一切就會恢復正常。他所看到的，或是他**自以為**看到的，並不是什麼新鮮事，我們根本就沒有必要為此擔心！我們的冰山堅如磐石，絕對禁得起這些變化！」

非也的聲調不斷升高。如果企鵝也會臉紅的話（當然是不會），此刻他肯定已經氣得臉紅脖子粗了。

當非也看到某些成員已經轉而支持他時，便指著弗雷德大聲咆哮：

「這個毛頭小子說冰山融化時產生了水道，但可能並非如此。他說這個冬天水道會結冰，並堵住大洞內的水，

但可能根本不會！他說洞裡的水也會結冰，但可能不會這樣！他說水一結冰，體積就會膨脹，**但他可能是錯的**！即使他說的是真的，我們的冰山難道就那麼脆弱不堪？只不過是洞穴裡的一點水結冰，就能使我們的冰山脹裂成碎片？**我們怎麼知道他說的不是危言聳聽的理論，或自己瘋狂的臆測，為的是散播恐懼的氣氛？！」**

非也頓了頓，瞪視著其他企鵝，然後拋出他希望成為致命一擊的一句話：

「他能保證他的資料和結論**百分之百正確**嗎？」

領導團隊中有四位成員認同地點頭，還有一位看起來跟非也一樣激動。

愛麗思默默地投給弗雷德一個肯定的眼神，意思是：一切正常（雖然她知道並不是這樣）；你應付得了（她其實也無法肯定這點）；繼續進行，冷靜回答大家的質疑（這對她來說也很困難，因為她很想脫口大喊：「非也，你這個蠢蛋！」）。

弗雷德什麼也沒說，愛麗思又投以一個鼓勵的眼神。

弗雷德猶豫了一下，隨後說道：「坦白說，我無法向你們保證我是百分之百正確的，但若這座正在融化的冰

山，有一天真的脹裂、崩塌了，那肯定是發生在冬天。屆時不論晝夜都是一片漆黑，我們耐得住狂風暴雨的襲擊嗎？難道不會有許多企鵝因此喪命？」

　　站在弗雷德身旁的兩隻企鵝似乎有點嚇壞了。弗雷德直視著他們說道：「誰能保證這件事不會發生？」

　　看到領導團隊的多數成員仍然抱持著非常懷疑的態度，愛麗思狠狠地瞪了非也一眼，然後說：「大家想像一下，當那些失去孩子的父母跑來質問我們：『怎麼會發生這種事？你們到底都在做什麼？為什麼不能及早發現問題？保護大家不是你們的職責嗎？』那時候，你們要怎麼回答？『呃，對不起，我們聽說可能會出問題，但是我們沒有辦法百分之百肯定』？」

　　她停頓了一下，好讓大家仔細思考她的話。

　　「當他們悲痛欲絕地站在我們面前時，我們該怎麼交代？難道要說，我們本來**指望**悲劇不會發生？還是說，如果沒有百分之百的把握，我們絕對不會貿然行事？」

　　全場又再次安靜得連一片雪花掉落在地上也能聽得見。此刻，外表看起來鎮定威嚴的愛麗思，心裡其實氣炸了，她差一點就要拿起冰山模型朝非也砸過去。

　　企鵝國王路易士察覺到團隊的情緒起了變化，便說道：「如果弗雷德是對的，那麼在冬天來臨之前，我們就

只剩兩個月的時間準備應付這場危機了。」

　　另一個領導團隊的成員說：「我們應該在團隊中成立一個專門委員會，分析形勢，找出可能的解方。」

　　許多成員點頭表示贊同。

　　還有一位成員說：「對，但我們必須儘可能讓王國維持日常的秩序。我們還須餵養成長中的小企鵝，所以不能引起大家的恐慌。在我們找出妥當的解決辦法之前，大家**務必**要保密。」

　　愛麗思大聲清了清嗓子，毅然決然地說道：「沒有錯，我們平常遇到問題時，都會成立委員會，並且不讓壞消息流傳出去。但現在不一樣，此刻我們所面臨的，**絕非尋常問題。**」

　　其他企鵝看著愛麗思，腦海裡都浮現一個沒說出口的疑問：她究竟為什麼這麼說？

　　愛麗思接著說：「我們必須立即召開全國大會，儘可能讓大家相信這是個重大問題。我們還必須找到足夠的朋友及家庭和我們站在同一陣線，這樣或許就能找到一個大家都能接受的解決辦法。」

　　通常企鵝的舉止都很優雅得體，尤其是當領導團隊的成員坐下來開會時更是如此。但現在已有幾隻企鵝完全失控似地同時嚷嚷了起來。

「召開全國大會！」

「……風險是……」

「……我們從來不曾……」

「……恐慌……」

「……不，不，不……」

「……我們該怎麼說？」

　　此時這些成員的樣子，看起來一點也不優雅。「我有個主意，」弗雷德小心翼翼地說，「你們能給我幾分鐘嗎？我很快就回來。」

　　大家什麼也沒說，弗雷德就當他們同意了，至少不是反對。

　　他疾速下山，拿了他要的東西後，又疾速上山，「十人團隊」又再度嘰嘰喳喳地吵個不停。當弗雷德拿著一個玻璃瓶出現時，眾企鵝這才安靜下來。

「這是什麼？」愛麗思問道。

「我也不知道，」弗雷德說，「是我爸爸發現的。有一年夏天，海浪把它沖上我們的冰山邊緣。它看起來像冰，可是不是冰做的。」他用喙啄了一下那個瓶子，「它比冰硬多了，如果你坐在上面，它會慢慢變得暖和，但是不會融化。」

大家盯著那玻璃瓶瞧。那……又怎樣呢？

「也許我們可以將瓶子灌滿水，然後封住瓶口，放置在冷風中。隔天我們就能觀察當水結冰、膨脹後，會不會讓瓶子破裂。」弗雷德停了一下，讓大家能跟上他的思考邏輯。

他接著說：「如果瓶子沒破，或許大家就不用急著召開全國大會了。」

愛麗思覺得弗雷德這一招真是太妙了。她心裡暗想：「這有點**冒險**，但他可真聰明。」

非也覺得事有蹊翹，懷疑這其中可能有詐，但又找不出反駁的理由。他只能想著，或許這個方法能阻止其他所有的愚蠢舉動也說不定。

企鵝國王路易士看了看非也。

路易士明快地做出了決定：該是停止討論，開始行動的時刻了。他對大家說：「那就試試看吧。」

於是大家開始行動。

路易士把水灌進瓶子中,再拿一塊大小剛好的魚骨封住瓶口,然後把瓶子交給巴迪。稚氣未脫的巴迪是個安靜、英俊的小夥子,大家都很喜歡他,也很信任他。

然後,大家就散會了。

有必要時,弗雷德也很樂意冒險。但無可避免地,他經常也為此感到忐忑不安。那一夜,他睡得特別不安穩。

隔天早上,巴迪上山時,其他企鵝都在山頂看著他一步步往上爬。當他一抵達山頂,馬上有企鵝問道:「怎麼樣了?」

巴迪拿出瓶子。瓶子破了,顯然是因為裡面的冰塊體積過於膨脹,不堪負荷。

「我被說服了。」巴迪對大家說。團隊成員又嘰嘰喳喳吵了半個小時。大家都認為應該採取行動,除了兩位成員。其中一位當然就是非也,「你們也許了解部分情勢,但是⋯⋯」

大家已經不想管他要說什麼了。

路易士說:「告訴大家,我們即將召開一次全國大會,但是先別告訴他們這次大會的議題。」

❈ ❈ ❈

　　王國裡的企鵝們都對這次召開全國大會的原因感到好奇。但愛麗思確保領導團隊成員沒有洩漏消息，這讓大家產生了一些想像空間。

　　幾乎所有成年企鵝都出席了大會。大多數企鵝談論的都是日常的生活。

　　「菲力克斯發福了。他吃了太多魚，又沒怎麼在
　　運動。」
　　「他哪來那麼多魚吃啊？」
　　「啊，**那**就說來話長了。」

　　路易士示意大家安靜，然後請愛麗思發言。

　　愛麗思向大家詳細描述她和弗雷德游到冰山最深處核心的過程、看到冰山融化的跡象，以及大洞穴已經灌滿水的情況。弗雷德向大家展示他的冰山模型，並解釋他認為情況危急的原因。巴迪則說明團隊所進行的玻璃瓶實驗。當其他企鵝在發言時，身為國王的路易士看著領導團隊，察覺群眾產生了一種明顯的變化。最後，路易士做出總

結：他認為大家必須採取行動，即便目前尚不知如何應付這個問題，但他相信一定可以找到解決辦法。

大家也都利用機會湊近看看冰山模型和封口的玻璃瓶，向弗雷德和愛麗思提問，並聽聽路易士更進一步的想法。這場會議長達一整個上午。

企鵝們都嚇得目瞪口呆，就連那些凡事都習慣說：「呃，沒錯，可是（沒那麼糟吧！）……」的企鵝，現在也都顯得手足無措。他們從前那股覺得什麼都「不錯」的自我滿足感，現在已沉入汪洋大海。路易士下令將模型和玻璃瓶放置在社區中心，那兒是大家無論工作或閒聊，都經常聚在一起的地方。路易士直覺地認為，這樣做可以讓他的企鵝子民懷抱危機感，而非日復一日過著例行性的生活。但他同時也知道，焦慮不安的情緒就跟自我滿足感一樣，都是有害無益的，所以他經常變換方式與那些鎮日憂心忡忡的企鵝子民談話。眼見此景，愛麗思也開始仿效路易士的做法。對團隊中的任何企鵝來說，面對眼前如此可怕的危機，卻還未能找到妥善的解方，是相當令人不安的。但是當越來越多企鵝說出：「如果我幫得上忙，請讓我知道。」這類的話，他們便備受鼓舞而感到欣慰。

弗雷德、路易士和愛麗思當然沒有察覺到他們正面臨著改變，畢竟他們都不是處理改變的專家。不過，藉由降

<u>*低滿足感和增加急迫感*</u>，他們已經精準地踏出了拯救企鵝
王國正確的第一步。

5 我自個兒可應付不了

　　隔天一早，非也的一個朋友滑到路易士身邊。我們人類可能會覺得這個行為很怪異，但企鵝確實可以用腹部滑行（譯注：亦即作「平底雪橇」般的滑行。這樣可以節省能量）。他向路易士提出建言，認為路易士既為一國之君，就有**責任**分析問題、擬定計畫，並下達一些指令讓子民去執行，進而獨力解決冰山融化的危機。他對路易士說：「這是領導人該做的。你是偉大的領導人，不需要別人幫助。」說完，他就滑走了（或者說是爬走了）。另一隻企鵝則建議，路易士應該指派對冰山有研究的年輕人解決這個問題。路易士耐心地指出，這些年輕人還沒有建立公信力，沒有人知道他們是否具備領導才能，也沒有任何經驗，有幾個甚至還不怎麼受歡迎。這隻提議的企鵝接著

問：「那你認為該怎麼做？」

「十人團隊」中有兩位提出疑問：什麼時候會召開第一次的「冰山策略會議？」

路易士仔細思考接下來應該採取的步驟後，便召集了愛麗思、弗雷德、巴迪，還有另一隻叫喬丹的企鵝，一起到冰山西北側一處安靜的地方集合。喬丹是企鵝王國裡的「教授」，在領導團隊中最像個知識分子。如果冰山上有大學，他肯定擁有終生教職。

企鵝國王說：「現在我們需要成立一個**小組**，帶領大家度過難關。我自己一個可應付不了，但我相信，我們五位會是完成眼前這項任務的最理想團隊。」

愛麗思微微頷首，巴迪看起來好像有點不解。弗雷德則覺得有些意外，像他這樣的毛頭小子竟也成為人選。教授則是第一個開口的：「你為什麼認為我們五位可以成功完成這項任務？」

路易士像平常一樣耐心地點點頭。愛麗思壓抑著她的急躁——如果她有手錶的話（她當然沒有），一定會一面看錶，一面輕輕踩腳。

「你問得很有道理，」企鵝國王說，「教授，你看看我們五個，再想想我們所面臨的挑戰。在你的腦海中列出每個人的優點，再看看你會得出什麼結論。」

路易士平時很少像這樣說話,只有和教授談話時例外。

喬丹望向遙遠的地平線。如果你能聽見他小小企鵝腦中,思緒飛速掠過的聲音,這些聲音會是這樣的:

- 路易士:企鵝國王,經驗豐富,智謀過人;極富耐心,略顯保守;臨危不亂,備受敬重(非也和一些年輕人除外);聰明(但還不算絕頂聰明)。

- 愛麗思:實事求是,敢作敢為,知行合一的實踐家;不論身分高低,一視同仁;英勇無畏,所以別想威脅她;聰明(但還不算絕頂聰明)。

- 巴迪:稚氣未脫的英俊小夥子,毫無野心;幾乎所有企鵝都信賴、喜歡他(也許連你太太都喜歡他過頭了);**肯定**算不上絕頂聰明。

- 弗雷德:年輕;與同年齡層企鵝的往來可能較密集;極富好奇心和創造力,頭腦冷靜,嘴喙滿漂亮的;尚無足夠資料得以判斷其才智。

- 我自己:邏輯很強(確切地說,思維縝密),博學多聞,對有趣的問題很著迷;不太擅長社交,但誰說人人都得精於此道不可?

- 看起來我們每個人都已體認到採取行動的急迫性,而且是**現在**就要執行。所以,如果企鵝國王是 A,愛麗

思是 B，巴迪是 C，弗雷德是 D，我是 E，而急迫性是 F，那麼 A ＋ B ＋ C ＋ D ＋ E ＋ F 絕對是個強而有力的組合。

教授轉向路易士：「你說得很有道理。」

巴迪仍然是一臉困惑的樣子，他經常聽不懂教授在說什麼。不過沒關係，他信任路易士。愛麗思已經沒有剛才那麼著急了，因為她再次看到了企鵝國王之所以能身居此位的關鍵因素。

弗雷德不清楚教授的腦袋在想些什麼，但就像愛麗思和路易士一樣，他也認為他們的方向正確。另一方面，能和這群才華洋溢的資深企鵝一起合作，也讓弗雷德感到十分光榮。

路易士溫和地說道：「我贊同喬丹的看法，但是……如果有人對於與我們共事感到不妥，或現在正忙於處理其他事務，以致無法參與，請務必明說。我並不是在要求大家一定得聚在一起。」

巴迪眨了眨眼睛（這次確定不再是一臉困惑！）。教授顯然正在腦袋裡快速地衡量局勢。愛麗思則是輕輕點了點頭。

「我加入，」愛麗思說。沒多久，教授也點頭表示加入，再來是巴迪，最後是弗雷德。

接下來的一整天，他們都待在一起。剛開始的討論顯得有些困難——「我想知道冰山每年縮小的百分比是多少，」教授說：「我曾在書上看到，一隻叫弗萊德維奇（Vladiwitch）的企鵝發明了一種方法……」

愛麗思咳了兩聲。她直視著路易士說道：「也許我們應該專心討論明天的計畫。」

巴迪輕聲地說：「我相信弗萊德維奇先生一定是隻很優秀的企鵝。」

教授點點頭，很高興有人對他說的話有點反應，即便只有巴迪一位。

此時，路易士趕緊把話題岔開：「這樣好了，現在我們都閉上眼睛一會兒。相信我，這肯定有用。」教授還來不及發問這跟正大家在討論的問題之間有什麼關聯，身為國王的路易士就說道：「請別問為什麼，就相信一隻老企鵝的建議吧，我只需要耽誤大家一分鐘。」

於是他們一一閉上眼睛。

路易士說：「不要睜開眼睛，請大家指向東方。」眾企鵝稍猶豫了一下，接著紛紛按指示行事。「現在睜開眼睛，」路易士說。

　　結果，巴迪、教授、弗雷德和愛麗思，每個人都指著
不同的方向。巴迪甚至還微微朝上指向天空。

　　愛麗思嘆了口氣，本能地意識到這其中的問題。教授說：「啊，這太有趣了。」弗雷德則是輕輕點了點頭。

　　教授接著說：「嗯，對我們來說，個人的力量很薄弱，唯有團結合作，並向彼此分享願望、志向和觀點，才能形成一加一大於二的綜效。但我們卻都從各自的角度來看待路易士賦予我們的任務，這就和指出東方的位置一樣，可以看出彼此的認知明顯不同。路易士的意思並非是我們不能共事，無法溝通或理解彼此。嗯，關於團隊的理論，福洛特波頓（Flotbottom）說到⋯⋯」

　　此時，企鵝國王趕緊舉起翅膀，打斷教授的高談闊論，並說：「有人想來點魷魚當午餐嗎？」體重過重的教授立即停止發言，他咕嚕咕嚕作響的胃總能輕易戰勝他的頭腦。巴迪說：「這個主意真好。」

　　企鵝們**愛**極了魷魚。這些海洋生物有的像公共汽車那麼大，就像朱爾・凡爾納（Jules Verne）在《海底兩萬哩》（*20,000 Leagues Under the Sea*）中描寫的巨大怪獸一樣，有的卻比老鼠還小。企鵝們喜歡吃體型較小的魷魚，可是這類的魷魚非常狡猾，會向捕食者噴出一股討厭的黑色墨汁，然後趁機開溜。當企鵝和魷魚單挑時，魷魚通常都能輕鬆獲勝。企鵝們在很多年前就發現了這個問題，後來也找到了解決辦法，那就是：**集體圍捕**。

路易士率先跳入海中，其他企鵝緊跟在後。企鵝在陸地上行走時，總是左右搖擺，十分笨拙（有點像卓別林），但在水中卻技術高超，優雅自如。他們能潛入離水面三分之一英里深的水中，在水裡待上 20 分鐘，行動比一輛價值 25 萬美元的保時捷還要靈活。但無論他們多麼優秀，當企鵝對上魷魚，就是會敗給魷魚。

他們碰上的第一隻魷魚溜掉了，但他們很快就學會了團隊合作——協調大家的動作，共同圍捕午餐。最後，他們抓到了很多魷魚，足以讓每個人好好吃上一頓，就連大食量的教授都感到心滿意足。

飽餐一頓後，路易士讓大家盡情交談，但主題不是融化的冰山，也不是他們五位接下來的任務計畫。相反地，他讓大家談談各自的生活、夢想，以及親近的家人和朋友。他們一談就是好幾個小時。不過，他們談的多半是抱負和機會，而不是遭遇的問題和危險，眼下情況看來，這似乎有些奇怪。

教授懶得聊這些日常瑣事，他認為這些談話漫無目的、不夠**嚴謹**。他不動聲色，善於分析的頭腦卻默默運轉著：首先，弗雷德發現冰山在融化；他不能說服自滿又傲慢的領導團隊，於是先去找愛麗思，向她反映問題；接著，製作冰山模型，找出玻璃瓶做實驗；再來，召開全國

大會，最後讓大家不再那麼自滿；然後路易士挑選團隊成員，帶領大家解決問題。一個兼具創意、謀略和執行力的團隊就這樣組成，真是有趣。沒有硬性委派，而是開誠佈公地指出問題、請求幫助；透過圍捕魷魚和輕鬆對談凝聚團隊的整體士氣，讓原本各自為政的個體達成共識，朝共同目標努力；最後在暢談機會和夢想的愉悅氛圍下，結束了當天的交談。

這一切有點兒奇怪，不過，滿有趣的。

❄ ❄ ❄

　　隔天早上，路易士再度召集這五位成員。如果時間允許，路易士實在很想花上一整個月，讓這五隻企鵝變成一支緊密團結的隊伍。然而，現在已經沒有餘裕如此，一切只能盡力而為。兩天後，這群企鵝成員已不再像一盤散沙。路易士已大致成功踏出這艱難但必要的一步，*組織一個團隊，帶領大家做出所需要的改變*。

6 向海鷗學習

　　急性子的愛麗思建議，應該立即蒐集王國裡其他企鵝的意見，才能儘快找到應對冰山危機的辦法。「我們需要匯集更多人的想法來幫助我們。」愛麗思說。但企鵝國王並不確定這是否為最佳對策，教授則覺得這麼做毫無意義。經過一番熱烈討論後，愛麗思的看法勝出。

　　徵詢的結果，一隻具有德州鑽井工人精神的企鵝建議，或許可以從冰山表面向下鑽一個孔直達洞穴，以釋放內部的水和壓力。這麼做雖不能解決冰山融化的問題，但或許可以防止他們的家園在這個冬天崩塌。大家針對這個鑽孔建議進行了簡短的討論，但教授隨即指出，即使全國268 隻企鵝每天 24 小時集體不間斷地啄冰，少說也要花上 5 年多，才能完成此項任務。

　　另外有隻企鵝建議，不妨到別處尋找一座完美無瑕的冰山，不會融化、沒有裂縫、沒有大洞穴，各方面都很理想，能讓他們的世代子孫永遠不再面臨這種困境。或許還需要成立一個「完美冰山委員會」來尋找這座冰山？幸好愛麗思沒有聽到這個提議。

　　另一個建議是：將整個企鵝王國遷徙到南極洲的中心地帶，那兒的冰層厚實且堅固許多──雖然沒有任何企鵝知道南極洲究竟有多大（超過美國國土的 1.5 倍！）。有隻肥碩的企鵝問道：「那兒會不會離大海很遠呢？如果很遠，我要到哪裡捕魚啊？」

　　還有一位領導團隊的成員建議，可以從虎鯨的油脂中提煉一種強力膠，用它將冰山的裂縫「扎扎實實地」黏好。他承認這並不能徹底解決冰山融化的重大問題，但也許能避免眼前即將發生的災難。

　　很顯然，大家都有點江郎才盡了。

　　這時，一位年長、有威望的企鵝建議大家不妨另謀生路。「也許大家應該學學弗雷德，看看他在發現這個可怕的問題時，都做了些什麼。四處走走，仔細、客觀地觀察，永保好奇心。」企鵝國王也意識到應該換個角度思考，便說：「那我們就試試看吧。」

　　於是，大家就出發了。

　　他們朝西方走去，看到了美麗的雪牆，看到了尋常企鵝家庭的安穩生活，還聽到一些關於融化的冰山，以及捕魚方法的談話。他們傾聽這些企鵝的聲音，並分擔他們的焦慮。

　　大約走了一小時後，大家突然聽到弗雷德以他一向充滿敬意的語調說：「請大家抬頭看一下。」

　　原來，弗雷德看到了一隻海鷗。一般來說，海鷗並不會出現在南極洲。大家都仰頭凝視，那是一隻會飛翔的白色小企鵝嗎？大概不是。

　　「有意思，」教授說，「我知道一個關於飛行動物的理論。嗯……」他還沒來得及說下去，愛麗思已經拍了拍他的肩膀。兩天相處下來，教授已經知道當愛麗思這樣做時，是在表示：「教授，你說得很對，但現在請你閉嘴。」於是他乖乖閉上嘴巴。

　　「那是什麼？」巴迪問。

　　「我不知道，」弗雷德說，「但是鳥兒不能永遠在天上飛，他在陸地上一定有個家。可是應該不是這裡，這裡對他們來說太冷了。」

　　大家一致認同弗雷德的看法。如果那隻海鷗和他們住在一起，不到一個星期鐵定就會凍得跟岩石一樣堅硬。

　　弗雷德繼續說：「我猜他一定是迷失方向了。但是他為什麼看起來一點也不慌張？他會不會本來就居無定所？他會不會是在……」弗雷德使用了企鵝語言中最貼近「流浪」的詞彙。

　　愛麗思說：「你該不會是建議我們……」

　　企鵝國王說：「我想是的。」

　　教授說：「有意思。」

巴迪說：「對不起，你們在說什麼？」

企鵝國王簡短地回答了巴迪：「我們在思考一種全新的生活方式。」

接下來，企鵝們討論了好幾個小時。

「如果我們……，但這樣的話……，我們怎樣才能……，不行，你看……，是的，但我們可以……，為什麼不……？也許只是……」

巴迪問：「那我們接下來該怎麼辦？」

企鵝國王說：「我們應該好好研究一下這個問題。」

愛麗思說：「不，我們得趕緊採取行動才對！」

教授說：「但是思考的品質比速度更重要。」

愛麗思無視他的話，繼續說：「無論如何，首先我們應該多了解一下那隻飛鳥。現在就行動！」企鵝國王同意，教授拿了筆記本，大家便前去尋訪海鷗。

弗雷德頗具福爾摩斯（知名偵探家，但不是企鵝）的天賦，不到半小時就找到了海鷗。愛麗思輕聲對巴迪說：「快去跟那隻鳥兒打聲招呼。」

巴迪用他天生熱情而柔和的聲音說：「你好！這是愛麗思，」他指了指愛麗思，「那是路易士、弗雷德和教

授。我是巴迪。」

　　海鷗直勾勾地盯著他們瞧。「你是從哪兒飛來的？」巴迪問他，「在這裡找什麼？」

　　海鷗和他們保持一定距離，但沒有飛走。最後，他終於開口：「我是個偵察員。我總是飛在最前方，為我的族群尋找下一個適合居住的處所。」

　　接下來，教授向他提出許多問題。它們的對話多半很切題，但偶爾也會離題（總有成員會拉回正題，你們一定知道她是誰）。

　　海鷗向企鵝介紹自己族群的遷徙生活、都吃些什麼（坦白說，在企鵝耳中聽來，海鷗簡直來者不拒，什麼都吃），以及偵察員所擔負的職責。沒多久，他便已凍得臉色發青，也開始口齒不清了。他向企鵝們揮手道別，拍拍翅膀飛走了。

　　教授和巴迪都認為，適合海鷗的生活未必適合企鵝。

「我們和他們不同！」

「他們會飛！」

「我們吃鮮美的活魚！」

「他們吃的好像……噢，好噁心哦。」

「我們當然和他們不同，」愛麗思一反常態，改用委婉的方式表達。「這表示我們不能全然複製他們的生活方式，但是這個想法非常有意思，我可以預見我們未來的生活模式。我們將學會四處流浪，不再總是待在同一個地方。我們將不再費力思考如何修復融化的冰山，而會坦然面對這個事實：這座曾經讓我們豐衣足食的冰山，無法養活我們世世代代的子孫。」

教授又提出許多問題。路易士的話雖不多，但對這場討論，以及它背後隱含的意義，卻有了更深刻的思考。

愛麗思說，「為什麼我們一開始發現冰山在融化時，沒人想到這個主意呢？」

教授回答，「一定**有人**想到了，這個主意……這麼有邏輯。」

教授轉頭向右望去，卻看到……

　　教授心想：「唉，或許根本沒人想過這點吧。」

　　企鵝國王說：「我們世世代代都是如此，怎會有人輕易想到要搬離這裡，過著截然不同的生活？」

❄ ❄ ❄

　　教授突然想到，迄今還沒有人針對冰山融化提出有力的理論依據。他一直認為冰山的融化和消退，從古早以前就慢慢開始了。可是，萬一他的想法是錯的呢？

　　會不會是什麼外力突然造成冰山融化？若是，那會是什麼？他是不是該力勸大家別急著下結論，而是花更多時間，有系統地思考冰山的問題？但是現在時間所剩無幾。

　　得不到解答的問題，經常讓教授感到十分困擾。可是那天晚上，他卻沒有為此苦惱，反而睡得很香甜。他相信領導團隊已經成功創造出一個嶄新未來的願景，而且可行性似乎很高。他開始了解他們該如何創造出那樣的未來。當他得知路易士、愛麗思、弗雷德和巴迪也有相同想法時，他油然生出一股無法言喻的欣慰。

7 傳達訊息

　　隔天中午，路易士召開全國大會。可想而知，在此節骨眼，幾乎所有企鵝都出席了會議。也因為如此，越來越絕望的海豹們，那天中午又沒有午餐可以吃了。

　　精力旺盛的教授花了一整個上午，為路易士精心準備了 97 張 PowerPoint 投影片，好讓他能確實傳達團隊的願景。路易士瀏覽了一遍，覺得內容很生動，就拿給巴迪看。巴迪研讀了教授的傑作後說：「對不起，我看不太懂。」路易士問他從哪裡開始不懂，巴迪說，從第二張幻燈片開始他就看不懂了。此情此景讓愛麗思不由得閉上眼睛，開始練習深呼吸。

　　企鵝國王又看了一遍教授的演講稿。從某方面來說，路易士覺得教授真的寫得很不錯，但他心想，這篇稿子確

實很難讓大家領會他想要傳達的訊息。那要怎麼做呢？所有企鵝一方面是那麼焦急，那麼關注此事，可是另一方面卻又懷疑一切，作風保守，或者說缺乏想像力。

雖然可能有點冒險，但路易士還是決定嘗試一種截然不同的方法。他並不喜歡冒險，但是現在……

大會開始，路易士先開場致詞：「企鵝子民們，眼下我們**確實馬上就要**面臨難關。但不管是什麼困難，最重要的，莫過於記得**我們是誰**，記住我們真正的本質。」

大家表情呆滯、迷惑不解地看著路易士。

「告訴我，相互尊重是不是我們非常重視的美德？」

一開始沒人應答，後來有人說：「當然是。」其他企鵝也跟著回答：「是的。」

非也混雜在企鵝群中，努力想要弄清楚路易士究竟在打什麼算盤。不過，他暫時還看不出什麼端倪，所以心裡有點不爽。

路易士繼續問：「我們是不是特別遵守紀律？」

「對。」一些上了年紀的企鵝回答。

「我們是不是也有很強烈的責任感？」這當然無庸置疑，企鵝們世世代代都是這樣。

「對，沒錯。」這時很多企鵝都表示贊同。

「最重要的，我們是不是情同手足，愛護我們的下
一代？」「是的！」大家回答的聲音十分響亮。企鵝國王
停了一會兒，又問：「那麼，告訴我……這座冰山是我們
企鵝的本質嗎？我們的信仰和價值觀全都依附在**一座冰山**
嗎？」

一些反應不太靈光的企鵝正準備再次回答「是的」
時，愛麗及時大喊：「不是！」教授、弗雷德，以及一些
年輕的企鵝也緊跟著愛麗思回答：「不是！」過了一會
兒，企鵝們紛紛喃喃自語道：「不是、不是、不是。」

「對，不是，我們並不等於這座冰山，」路易士肯定
他們的回答。

企鵝們很安靜，各個抬頭望著企鵝國王。路易士的
演說能這麼感性、有力，功效之大，遠遠超乎領導團隊的
預期。

「接下來請巴迪發言，」停頓良久，路易士繼續
說道：「他會跟大家說個故事。這個故事給了我們一個
重要的啟發，讓我們開始思考一種全新且更美好的生活
方式。」

巴迪開始敘述海鷗的故事：「他是海鷗族群的偵察
員，到處尋找下一個適合居住的處所。**想想看，他們多自
由啊！想去哪，就去哪。**嗯，很久很久以前，他們……」

巴迪告訴大家他所知道的海鷗遷徙史、他們現在的生活方式,以及企鵝團隊成員遇見的那隻海鷗。就連巴迪自己都沒發現,他擁有說故事的天賦。

故事說完後,企鵝們提出許多問題。一些理解力較差的企鵝無法想像飛行動物的樣貌,有些企鵝則想更進一步地了解那隻海鷗說了些什麼。另外還有很多延伸的討論,主要與自由和遷徙的生存方式有關。一些思考敏捷的企鵝,不須巴迪再詳盡解說,很快就在腦海裡勾勒出未來的模樣。

路易士讓大家持續討論。好一陣子後,他才人聲清了清嗓子,示意大家安靜下來。討論聲平息後,路易士堅定地告訴大家:「這座冰山並不等於**我們本身**,它只是我們現在生活的地方。我們比海鷗聰明、堅強、能幹,他們能做到的,我們怎麼可能做不到、不會做得更好?我們並不需要被這座冰山束縛,我們可以離開它。就讓它融化吧,即使最後只剩下一條魚那樣的大小,或是脹裂成一千塊的碎片。我們可以找到比這裡更安全、更合適的地方!如果有必要,我們也可以再次遷徙,永遠不必再讓家人面臨現在遭遇的危險。**我們一定會成功!**」

非也的血壓飆升到了 240 / 160 毫米汞柱。

會議結束，如果你仔細觀察大家的眼神，大概可以得到以下結論：

- 30% 的企鵝清楚理解這種全新的生活方式，他們相信這個想法很不錯，變得安心許多。而他們當中有三分之一的企鵝，也就是 10% 的企鵝，看起來現在就樂意成為志願者，協助促成這個改變。
- 30% 的企鵝還在設法理解剛才聽到和看到的訊息。
- 20% 的企鵝還很困惑。
- 10% 的企鵝半信半疑，但沒有敵意。
- 10% 的企鵝就跟非也一樣，覺得這個想法簡直荒謬透頂。

企鵝國王暗自盤算：「**以目前狀況來說，這個結果已經很不錯了。**」於是他宣布散會。

愛麗思轉身抓著弗雷德、巴迪和教授說：「跟我來。」他們馬上會意過來，跟著愛麗思走。

愛麗思迅速說明自己的新想法：他們得趕緊製作海報，並寫上標語。「我們應該**隨時**提醒大家記住剛才聽到的警訊。今天早上的會議很簡短，有些企鵝還缺席。會議傳達的的訊息非常重要，將會帶來根本的變革，我們需要**隨時隨地強化**溝通，讓大家謹記在心。」

　　巴迪大聲提出他的質疑：「可是，我們如果廣貼標語，會不會惹火一些企鵝？」愛麗思回答：「如果要我選擇，我寧願看到幾隻氣呼呼的企鵝，而不是一群在即將融化的冰山上驚聲尖叫的企鵝。」

他們開始製作海報，但一開始仍有爭議。

幸好，在一些較富創意的年輕企鵝的協助下（有些甚至比弗雷德還要年輕，而且一聽到需要幫忙，完全不需要等別人開口，就主動協助），他們很快就找到了做海報的訣竅。

每週一次，至少會有 20 隻企鵝將新的標語寫在冰製的海報上，張貼在冰山各處。當他們再也找不到任何地方可以張貼海報時，有些企鵝建議可以把冰製的海報放在海裡，靠近企鵝常去捕魚的地方。這聽起來有點奇怪，但是他們這麼建議有三個理由：第一，企鵝在水面下的視力極佳；第二，現在那裡還沒有張貼任何海報；第三，企鵝在捕魚時不可能把眼睛閉上，即使海報內容會惹火他們。

巴迪找來他的朋友組成一些對話小圈圈（talking circles），由愛麗思或弗雷德負責開啟對話，然後讓小組討論對於遷徙生活的看法。「我可以負責帶領一、兩個小組，」教授宣稱。巴迪覺得這樣做可能不太妥當，但他不敢啟齒，幸好愛麗思適時插話道：「喬丹，上課講授是你的專長，但那不是現在所需要的。我們需要讓這些年輕企鵝發言、彼此交流。你看是不是？」這話雖然不免讓喬丹稍感受傷，但一、兩秒後，他就同意道：「你說得有道理。」

　　自從那天在全國大會上，路易士發表「我們並不等於這個冰山」的感性演講，巴迪敘述海鷗的遷徙、在冰山廣貼冰製海報，並發起現有的對話小圈圈之後，企鵝王國已經開始出現變化。慢慢地，越來越多（雖然還不是全部）的企鵝理解他們必須接受事實，並採取行動。自滿自大、恐懼不安和困惑懷疑的現象也逐漸減少。很多企鵝開始將原本的危機視為轉機，樂觀的態度和興奮之情油然而生。

　　對於這個*未來願景的溝通與傳達*，也就是新的遷徙生活方式，或說截然不同的未來，大致上是相當成功的。

　　只要看看這群企鵝就能知道，企鵝土國又往前邁進了一大步。

冰山在融化
Our Iceberg Is Melting

8 好消息與壞消息

　　約莫 3、40 隻企鵝開始分組行動，有些負責策劃偵察員的甄選，有些著手繪製尋找新冰山的路線，有些則籌備全國大遷徙的後勤工作。因為有這麼多企鵝積極、熱誠地參與和協助，路易士對一切抱持著謹慎卻樂觀的態度。

　　接下來的一星期既有好消息，也有壞消息。

好消息：儘管有些企鵝仍感到不安，但負責準備遷徙工作的核心成員越來越積極樂觀，活力十足。

還不錯的消息：大約有近 20 隻的企鵝有興趣當偵察員，負責找尋新家的任務。但可惜（至少剛開始）這些企鵝多半還未成年，與其說他們想找新的冰山，不如說他們想為沒有電動遊戲和耐吉用品（Nikes）的平淡生活找點樂趣。

不太好的消息：非也跟他的那群一丘之貉，似乎正到處散布暴風雪和危險海流的氣象預報。雖然多數的企鵝都不予理會，但仍然使部分沒主見的企鵝聞風起舞。當非也每次在那裡鬼叫著：「這些無聊事根本就是在製造混亂！」時，某些維持王國日常運作的中等階級企鵝，開始經常聽信於他。

奇怪的消息：有些小企鵝晚上開始做噩夢。愛麗思調查後發現，幼稚園老師喜歡給孩子們講恐怖的故事，諸如可怕的虎鯨專門追殺小企鵝云云。孩子們的噩夢連帶造成家長的不安，就連一些自願當偵察員的父母也都受到影響。向來親切和藹的老師為什麼要製造這個問題呢？

一點都不奇怪、但絕對毫無用處的消息：幾位領導團隊成員認為，偵察員需要一位領導人。他們開始到處為偵察主任這個職位進行遊說，結果造成團隊成員爭吵不休。

　　最後，還有……

非常糟糕的消息：企鵝需要為冬季儲存能量而大量進食。一些企鵝指出，偵察員為搜尋冰山附近的大片海域，就沒時間捕魚，這是個問題。而企鵝王國有個傳統，將使此問題雪上加霜：成年企鵝除為自己捕魚外，也為孩子覓食，而且**只**為自己的孩子覓食——沒有任何成年企鵝會為其他

成年企鵝捕魚。這是企鵝王國由來已久的傳統及規矩。

一開始，好消息的影響勝過其他消息。但接下來，非也的荒唐行徑、孩子的不安、家長的擔憂、領導團隊的爭鬥、一些中等階層的反對，以及偵察員的覓食問題，一切的負面影響逐漸顯露。

非也和他的狐群狗黨眼見障礙浮現，全都幸災樂禍，不禁心想，如果再加把勁，或許情勢……

負責策劃遷徙工作的這群企鵝中，艾曼達是最積極努力的成員之一，她對未來的全新生活感到信心滿滿，深信前景一片光明。為了讓願景實現，她每天工作 14 小時，但沒多久，她的丈夫便因為聽信非也而開始失去信心，要求艾曼達停止手邊工作，漫長又艱難的溝通接踵而至。緊接著，孩子晚上做的噩夢越來越可怕，艾曼達開始每天都得花上大半夜的時間照顧孩子。當她聽到偵察員的覓食問題時，開始感到灰心喪氣，不再像之前那樣興致勃勃了。面對這一切，艾曼達覺得這已超出她能力所及，便停止參加一些籌備會議。

然而，她並非特例。

在星期四的籌備會議中，還有另外 3 隻企鵝也缺席了。星期五，缺席者增加到 8 位。星期六，缺席者高達 15 位。

　　為了阻止這種現象持續發生，對於推動籌備會議最不遺餘力的企鵝，再次簡明扼要地跟大家重申企鵝王國眼前面臨的狀況：**冰山在融化，必須做出改變，未來前景仍然光明，是該行動的時候了。**

　　他的陳述在邏輯上無懈可擊，但是對提高接下來的會議出席率絲毫沒有作用。

❄ ❄ ❄

　　愛麗思看到許多原本積極的企鵝，都因為前方種種障礙而氣餒不振、退縮不前，就對國王路易士說：「我們一定要解決這個問題，且是馬上解決！」路易士點頭同意。

　　巴迪、弗雷德、教授、路易士和愛麗思一起討論眼前的局勢，迅速確定該採取的行動，並分配各自角色的扮演。企鵝們達成共識的速度之快，並不表示他們開始感到恐慌，而是意識到情況已十分危急了。

　　另一方面，非也仍繼續進行他的破壞行動。

　　「天神們很生氣，」他到處散布謠言，「祂們會派一隻巨大的虎鯨把我們的魚全都吃光。牠的血盆大口會把整座冰山嚼個粉碎，把我們的孩子統統吞進肚子裡，還會掀起 500 英尺高的巨浪。我們必須立刻放棄『遷徙生活』這

個荒謬的想法。」

　　路易士把非也拉到一邊，坦誠且慎重地告訴他，對大家來說，未來的天氣預報比現在更重要，必須用更科學的方法來預測天氣。

　　非也高漲著戒心，摒氣聽著。

　　路易士接著說，「所以，我請了教授來幫忙。」

　　非也氣沖沖地轉身準備掉頭離去，卻赫然發現教授已在身旁。

　　「你讀過希姆西（Himlish）寫的，有關冰山受創（iceberg trauma）的文章嗎？」教授問。「那應該是1960年代末期發表的……」聽到這裡，非也拔腿就跑，但教授緊追不捨。非也走到哪，教授就跟到哪……

　　至於那些爭相擔任偵察主任的企鵝，路易士採取非常直截了當的方法。他簡短、明確地告訴他們：「夠了！」

　　愛麗思則很想敲敲那些中等階層企鵝的腦袋，他們就跟非也一樣，只會給主動幫忙的企鵝製造阻礙。雖然剛開始還有些猶豫，幾經思考，愛麗思決定採用不同的方法。

在下一次中等階層企鵝的例會上,她於開場時明白地表示,如果企鵝王國再不迅速進入嶄新未來,大家所可能會遭遇的風險。語畢,愛麗思請與會者當中的 3 位站在她的身旁。她向大家解釋,她知道這 3 隻企鵝都相當積極地協助其他熱情的企鵝處理冰山融化問題的額外工作。愛麗思握了握他們的手,感謝他們,並說了些讚美的話。毫無疑問地,這個會議對非也和他的狐群狗黨起不了什麼作用,但很顯然地,群體中多數的企鵝都靜下心來仔細地思考。

巴迪向路易士、弗雷德、愛麗思和教授表示,他想去找幼稚園的老師溝通。幾位成員立刻大力贊同巴迪的點子,就連教授也不例外,儘管他仍對巴迪怎能想出這麼好的主意感到困惑。

於是,人見人愛的巴迪找上了老師。老師毫無保留地跟巴迪分享他內心的恐懼和擔憂。這份恐懼和擔憂,顯然影響了他為孩童所選擇的故事內容。

「如果我們過著遷徙的生活,」他幾近哽咽地說,「那王國也許就不需要幼稚園了,那,那……我也老了,適應不了新變化,大家可能也不需要我這個老師了。」

他越說越傷心,巴迪很同情他。等老師說完,巴迪告訴他:「不會的。將來大家面臨的是一個不斷改變的世界,小企鵝們需要學習**更多**知識,而幼稚園的功能也會**更**

加重要。」

　　老師的啜泣聲漸漸緩了下來。巴迪繼續告訴他，學校在遷徙生活中將扮演多麼重要的角色。

　　「我相信，」巴迪真誠地說，「你能教會他們所需的知識。你是個好老師，如果為了適應新環境而必須做出改變，我相信你做得到，因為你是那麼地關心小企鵝們。」

　　巴迪很有耐心，真誠地重述他的觀點，令老師寬慰許多，進而消除了他的疑慮。最後老師安心了，欣喜得簡直想親吻巴迪一下。

　　這真是感人的一幕！

路易士、愛麗思、教授和巴迪的行動都有了顯著成果，弗雷德和其他人的努力當然也都功不可沒。

非也再也沒機會煽動大家的情緒、挑起事端（儘管他很想）。無論走到哪裡，教授都跟在身邊一直說個不停。

「冰山已經達到 6 級的損壞了……」

「別再跟著我，」非也大喊，「否則我就……」

「好，好，好。但現在請注意一點，冰山的損壞已經達到了……」

「啊————」

❆ ❆ ❆

幼稚園老師與巴迪談話後，便將孩子們聚集在一起，說故事給他們聽。故事內容變成幫助他人適應困境和變化的英雄行為。他還找到很多精采的故事，聲情並茂地講給孩子們聽。

他告訴孩子們，企鵝王國現在需要英雄來協助大家迎接新的挑戰，每個人都能貢獻自己的力量，即使是最小的企鵝都能做到。孩子們很喜歡這樣的故事。

當晚，多數孩子都不再做惡夢了。

積極籌備遷徙工作的核心成員數量，曾經從 35 位掉到 18 位。但由於障礙一一排除，企鵝們不再感到如此灰心受挫，也不再被其他事務分心，更不再覺得無力又無望，所以現在會議的出席率正逐漸回升。

路易士估計，大概需要至少 50 隻企鵝才能儘快完成當前最急迫的遷徙任務。雖然現在還不夠，但至少數量已逐漸在增加中。

❋ ❋ ❋

莎莉是幼稚園的小朋友，滿腦子想的都是那些老師所講述的新奇英雄故事。正當她搖頭晃腦地從幼稚園走回家時，恰巧遇見了愛麗思。

她鼓起勇氣走到這位大人物面前，問道：「請問，我要怎樣做才能成為英雄？」雖然愛麗思停下腳步看著莎莉，但幾乎沒聽見莎莉說的話。她因為專心地想著冰山融化、王國裡普遍瀰漫的消極氛圍，以及如何為偵察員備足食物等等問題，而顯得心不在焉。莎莉重複剛剛的問題，愛麗思並沒有用「你回家問媽媽」這樣的話來打發她。相反地，她告訴莎莉：「如果你能讓爸爸、媽媽知道企鵝國王需要他們的協助，特別是幫忙捕魚，為外出的偵察員提供食物的話，你就能成為一個真正的英雄。」

「就這麼簡單嗎？」天真無邪的小莎莉興奮地問道。

　　隔天，莎莉和其他小朋友討論這件事，她的朋友還真不少。這群孩子想出了一個好主意，讓自己也能為企鵝王國的遷徙生活盡一點力。幼稚園老師也破例取消了一些日常課程，好為孩子們整理思緒脈絡，直到它逐漸明朗。孩子們將他們的主意命名為「向我們的英雄們獻禮節」。

　　有些父母對此感到不安。畢竟，同心協力排除萬難，讓*每個人都覺得自己有能力*做些什麼，即使連孩子們也不例外，這是企鵝王國前所未見的。但孩子們卻都欣喜萬分，躍躍欲試。

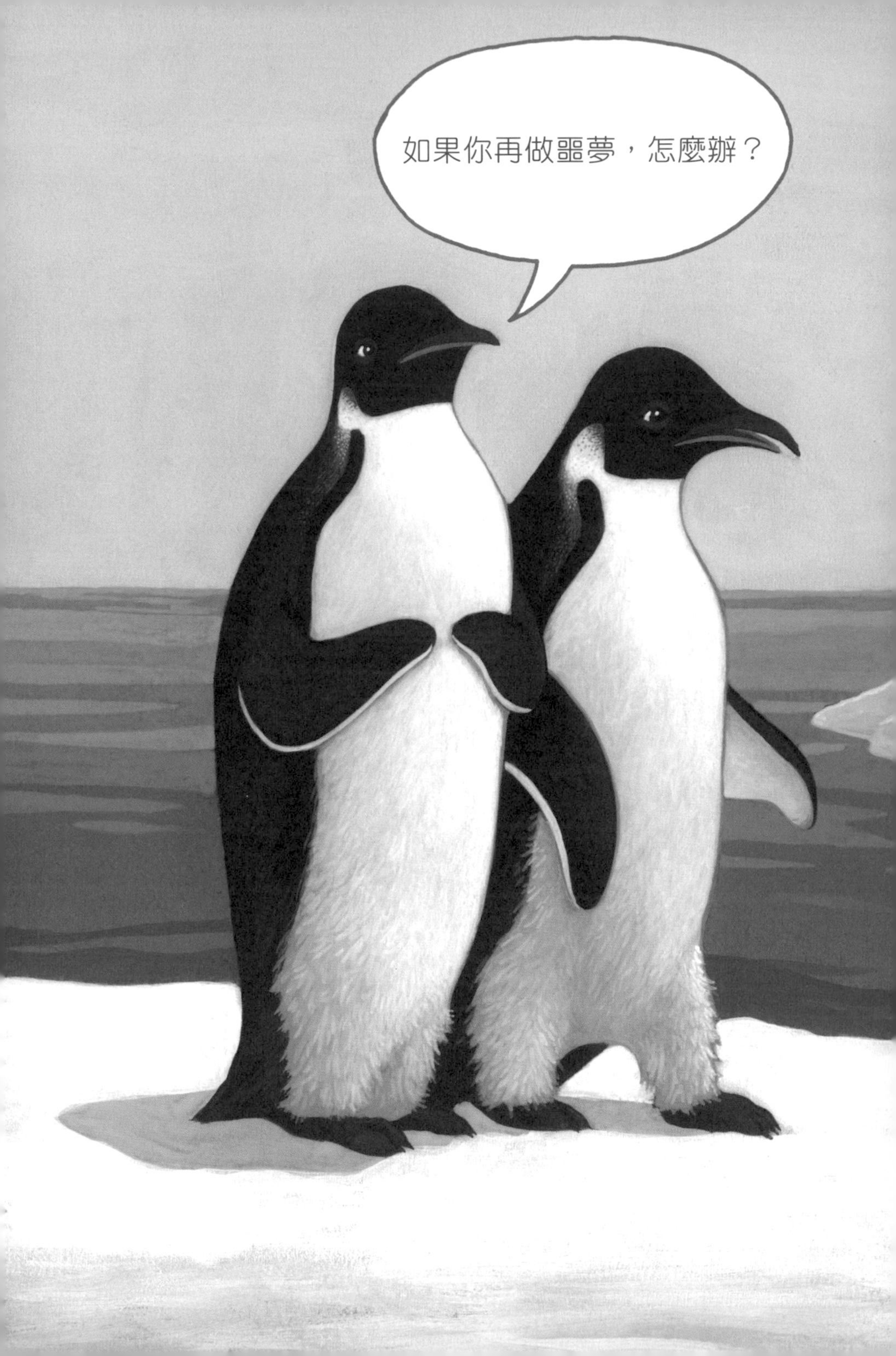
如果你再做噩夢，怎麼辦？

 9 為偵察員排除障礙

　　路易士決定儘快積極推動接下來的步驟，以證明他們至今的努力方向是正確的。於是，他的下一步便是讓弗雷德挑選一組身強體壯、精力充沛，同時也自願擔任第一批偵察員的精英團隊，派遣他們外出尋找可能成為新家園的地方。

　　「我們必須讓大家儘快看到成效才行，」企鵝國王對弗雷德說。「但我們也必須盡全力幫助偵察員找到方法保護自己，讓他們都能平安歸來，而且越快回來越好。即便只有一隻企鵝回不來，都會增加大家的不安，也會讓非也的那些恐嚇說詞更加真實。記住，他們只須為大家找到一些可能成為新家園的地方就行，而不是要他們此行就得確定某個地點。」

　　弗雷德從一大群主動搶著擔任偵察員的企鵝中精挑細選，獲選的偵察員各個強壯、聰明、幹勁十足。即使這項任務充滿不確定性及危險，但這些偵察員自願服務、完成大我的精神，真令人感到不可思議。

現在，企鵝王國面臨的最艱難的挑戰是，要如何準備充足的鮮魚給這群返家時又累又餓的偵察員？每隻企鵝都需要馬上大快朵頤、填飽肚子，而你可能難以置信——一隻企鵝一餐就可以輕輕鬆鬆吃掉多達 20 磅的魚。

但是……根據王國的古老傳統：第一，企鵝只為自己和孩子覓食；第二，企鵝只和自己的孩子分享食物；那麼，誰來為偵察員捕魚？

正當大家找不出實際可行的辦法時，莎莉這個幼稚園小朋友提出了「向我們的英雄獻禮節」這個主意。

英雄節的節目包括抽獎、表演、樂隊演出和跳蚤市場。入場券的票價很特別：每隻成年企鵝要貢獻 2 條魚。

小企鵝們開心地向他們的父母介紹這個新節日。你可以想像，那些焦慮的企鵝父母當中，有些根本還沒弄清楚這是怎麼一回事，有些壓根就不喜歡這個主意，有些甚至不知道偵察員已經離開冰山去尋找新家園。不過，還是有很多企鵝父母為他們的子女感到自豪，因為這些小企鵝居然能在緊要關頭想出這麼有創意的辦法。

然而，這些企鵝家長還是感到有點為難，因為「除了自己的子女，不與別人分享食物」是王國歷史悠久且約定成俗的傳統。於是，這群優秀的小企鵝們又想出了一個辦法。他們聲明，如果父母不參加英雄節慶典，也沒有各自

冰山在融化
Our Iceberg Is Melting

帶 2 條魚當做入場費的話，將會讓他們**非常難堪**。

有些父母終於不再堅持，表明會帶著魚去參加「英雄節慶典」，然後其他父母也都跟著決定參加。和人類社會一樣，這股社會壓力在企鵝世界一樣發揮了作用。

路易士把「英雄節慶典」和偵察員預定返回冰山的日子安排在同一天。慶典從一大清早持續到傍晚，辦得非常成功。遊戲、樂隊、摸彩和其他活動，都讓大家感到樂趣無窮，而等候偵察員歸來則是當晚最後的高潮。

非也預測有一半的偵察員永遠都回不來。「他們成了鯨魚的美食，」他對那些還願意聽信他的企鵝表示。「那群笨蛋會迷路。」看到有些企鵝在點頭，他便抓緊機會繼續猛扯後腿，掃大家的興。他那天可是費盡唇舌搞破壞，說的話比過去幾年都來得多。

有些企鵝顯得有點緊張不安，不過那和非也的荒唐行徑完全不同；另外有些企鵝則對非也的說法表示懷疑。一切都使當天的尾聲更顯戲劇化。

一隻隻偵察員陸續安全返回王國，儘管有幾隻看起來飽嚐艱辛，還有一隻則身受重傷。愛麗思已領著一個訓練有素的小組在現場待命，準備照料歷劫歸來的偵察員，此時便派上用場。

　　這些偵察員一回來就迫不及待地跟大家講述了有關大海、長途跋涉，還有他們發現新冰山的歷險記。大家將偵察員團團圍住，仔細聆聽他們的奇妙經歷。

　　偵察員實在是餓昏了，他們大快朵頤，很快就把其他企鵝帶到慶典現場的魚吃得一乾二淨。然而，即便在他們狼吞虎嚥的同時，仍能感受到這些自願者對此次的探險經歷興奮不已。待他們飽餐一頓之後，莎莉和他的朋友們為偵察員戴上用絲帶綁好的勳章。這些勳章都是小朋友親手製作的，上面還刻著「英雄」兩個字。

　　群眾集體歡呼起來，偵察員各個眉開眼笑（就企鵝儘可能做到的範圍）。

　　路易士將發起這次活動的孩子們全叫到跟前，因為他們的熱情，才有這個節日的誕生，尤其是莎莉。路易士站在全體企鵝面前說：「這個獎品要頒給我們最年輕的英雄。」說完，他將碎玻璃瓶遞給小莎莉。這個碎玻璃瓶自上次全國大會在大家面前亮相後，多多少少帶著幾分傳奇色彩。大家再次熱烈鼓掌歡呼。

　　小莎莉激動得喜極而泣，她的父母更是感到驕傲不已。愛麗思也覺得今天是她多年來最高興的一天。

　　孩子們上床睡覺後，眾企鵝的討論持續到深夜。偵察員即使講了兩遍、三遍他們的冒險故事，仍有許多企鵝對他們的探險過程感到驚奇。許多先前對於遷徙生活表示懷疑的企鵝，心中的疑慮逐漸消褪，而原本就滿心期待新生活的企鵝，現在更熱中嚮往了。就這樣，在艱難的環境下，企鵝王國再一次向前踏出了非常重要的一步。

❄ ❄ ❄

　弗雷德和偵察員成功地創造出「一次短期勝利」（活像是拿了企管碩士的企鵝會說的話。譯注：a short-term win，根據作者科特所著的《領導人的變革法則》，這是變革管理中的第 6 個步驟），而且是大獲全勝。

　非也早已消失得無影無蹤，現在大家的目光焦點也都轉移到那些戴著獎章的偵察員身上。

10 第二次改革浪潮

　　隔天一早，企鵝國王路易士便召集偵察員開會，教授也應邀出席。

　　「你們發現了什麼？」路易士問偵察員。「有沒有哪些冰山的面積夠大、夠穩固，能夠保護我們的企鵝蛋安全地度過冬天，而距離我們現在的冰山又不會太遠，可以讓所有老弱婦孺安全抵達的？」

　　偵察員開始熱烈討論他們看到的情況。教授提出一個又一個的問題，努力想分辨哪些是偵察員自己的觀點，又有哪些是實際的情況。像他這樣無法得過且過、窮追不捨的問法實在不討喜，但確實很有效。

　　「英雄節慶典」過後，越來越多企鵝自願加入第二批偵察員的行列，儘管這次任務可能更加繁重，那就是──

挑選出一座最適合居住的冰山。

路易士從這些志願者中精選出一組成員，派他們去考察第一批偵察員發現可能成為未來家園的那些冰山，再從中挑選最適合居住的。

許多先前還心存懷疑的企鵝，疑慮現已泰半消除；某些企鵝雖仍持保留意見，卻多半理性；還有一些企鵝，天性就是比較膽小。

幾乎沒有人再花什麼精力去注意非也了。

愛麗思持續努力讓大家保持良好的工作進展，領導團隊中開始有企鵝抱怨，他們現在都沒時間處理越積越多的日常事務。愛麗思指出，以前半數的領導團隊會議都是在討論一些無關緊要的事，「不用再開那些會了，」她直截了當地說。路易士聽從了她的建議。

有段時間，甚至連企鵝國王路易士本身都建議變革行動可以再緩一緩，但愛麗思不同意。

「我們總是很容易就喪失勇氣，就像有人甚至建議等到明年冬天再說。到那時候，如果我們還活著的話，又會有人說我們言過其實，根本就沒那麼危險，沒有必要做任何改變。」

這些話很有道理。

第二批偵察員發現了一座冰山，看起來很適合居住。原因如下：

- 安全堅固，沒有任何融化的跡象，也沒有那些灌滿水的大洞穴。
- 四周都是高聳堅硬的雪牆，可以保護大家免於遭受暴風雪的襲擊。
- 靠近魚群出沒的地方。

- 在前往這座冰山的途中，有很多小冰山或冰原，可以讓老弱婦孺中途停留休息。

探險歸來的偵察員各個感到自豪、激動，而且雀躍不已。王國的其他企鵝看到他們平安歸來，也同樣激動、欣喜萬分，並深感與有榮焉。

如今，大家已經習慣事先為偵察員備妥足夠的魚，以解決他們的吃飯問題。一切改變著實令人感到不可思議。

接著，大家央請教授親自前往剛發現的冰山進行更科學化的評估，但他對這項委託顯然不太熱中，除了他太胖之外，到新冰山的路途也有些遙遠。不過，在路易士私下找他平心靜氣地談話後（愛麗思也找了他談話，但過程卻不怎麼平心靜氣），他終於宣布，會在偵察員的陪同下一同探個究竟。而他也真的兌現了諾言。

於此同時，全國上下忙著其他重要而愉快的日常任務，例如生兒育女。

5月12日，在南極洲的冬天來臨之前，企鵝們開始往新冰山遷移。這可不是一時半晌就能輕易完成的任務。

遷徙途中，時而出現一些問題，例如有陣子幾隻企鵝走丟了，引起不小的恐慌。幸好這些走失的企鵝最後都找到了回來的路。除此之外，路途中大多一切順利。

由於領導有方，路易士贏得了舉國上下的尊重。更令人敬佩的是，路易士並沒有因此而變得傲慢無禮。

巴迪沿路不停安撫惶惑不安的同伴，也幫不小心被踩傷的企鵝加油打氣，並設法讓情緒容易失控的傢伙平靜下來。除此之外，很可能有10隻雌企鵝愛上他（不過，那是另一個故事了）。

每當新的問題浮現，而大家苦無對策時，就是頭腦冷靜的弗雷德發揮創意的時刻了。

教授很滿意他在王國的新地位。他甚至發現，過去那些被他視為沒有腦袋的企鵝對他展露崇拜之意時，他居然還滿樂在其中的。對此，他自己也感到有點不可思議。

愛麗思現在一天幾乎只睡3小時。

非也迄今仍不放棄散布他的預言。

冰山在融化
Our Iceberg Is Melting

❄ ❄ ❄

　　冬天過去，但這段期間裡，企鵝王國還是遇上了一些
問題：他們不太適應這個新家園，對最佳的捕魚場域知之
甚少；寒風吹在高聳的冰牆上，又從四面八方反彈而來。
但這些問題跟先前曾讓企鵝們擔憂害怕的問題相比，根本
算不了什麼。

❄ ❄ ❄

春天來了，偵察員又找到了一座更棒的冰山。這座冰山更大，周圍的漁場有更豐富的食物。儘管企鵝王國的子民已逐漸適應一路上的變化和新環境，也可在此安居樂業，但他們並沒有這麼做。他們再度出發，這是關鍵性的一步：不要再度自滿，而且_不可以鬆懈_。

你可以想像，第二次遷徙的準備工作，比起第一次要輕鬆順利多了。

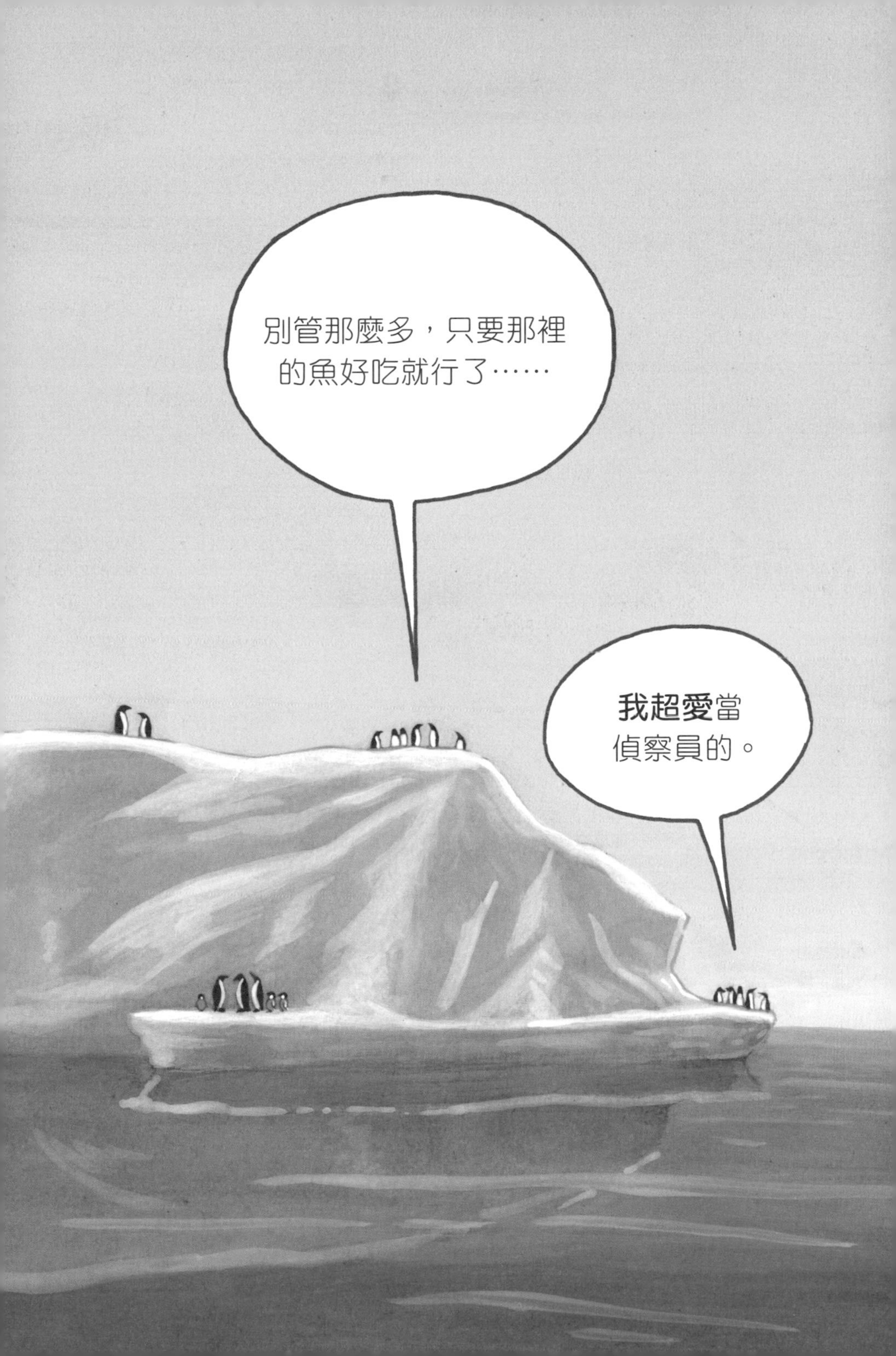
別管那麼多，只要那裡的魚好吃就行了……
我超愛當偵察員的。

11 最了不起的改變

　　說到這兒，你可能以為我們的故事已經結束了，但其實還沒完全說完。

　　有些企鵝開始回溯他們找到一座完美冰山的過程，以及……

　　固有的傳統很難徹底改變或根除。在企鵝王國，文化變遷也是一條困難重重的路，就和人類世界一樣。然而最後，企鵝王國在許多面向真的都有所改變。

　　路易士、巴迪、弗雷德、愛麗思和教授仍持續會面討論。王國中像小莎莉這樣的小企鵝們、曾幫愛麗思張貼海報的年輕夥伴、為數眾多的偵察員，甚至還有越來越多的企鵝，都決定繼續進行他們非常樂在其中的事，不想停止「它」。他們並沒有一個企鵝用語足以描述「它」指的

是什麼。用管理學的詞彙來說，我們將「它」稱做「變革推動者」（change agents，又稱「變革代理人」、「變革中介者」）。但還有一個更恰當的名詞，後面會有更多的敘述。路易士對此雖有些猶豫，但並沒有阻止。

在一次談話中，愛麗思（有教授一貫強力的邏輯思考做後盾）嘗試說服路易士解散舊領導團隊，但路易士並不想讓這些企鵝受到傷害，畢竟他們已經忠心耿耿地為王國效勞很多年了。要避免損及尊嚴地解散團隊實非易事，但愛麗思仍然堅決如此，不斷說服路易士。當愛麗思鍥而不捨時，我們都知道將會產生什麼樣的結果。

一位曾擔任偵察員的企鵝強烈主張，現在非得制定一套嚴格挑選偵察員的模式不可，因有太多的企鵝爭相擔任偵察員。於是，這位前偵查員、教授、弗雷德，還有一隻叫菲力斯的企鵝，四人便一起制定出甄選標準。愛麗思和路易士看了之後都相當滿意。另外，還有某個小組提供了這個新構想：入選的偵察員可以分到更多的魚。這倒不是為了滿足偵察員的需求（你不會需要身材又胖，動作又慢，還氣喘吁吁的偵察員），而旨在認可偵查員們為王國奉獻的真誠。

教授堅持，在企鵝學校的體制中，必須增加「偵察」這門課程，以及許多相關的新教學研究主題。有四隻企

鵝，包含幼稚園老師，都積極主動加入教學提案的編整工作。

愛麗思和其他企鵝都希望教授可以接下首席天氣預報員的職位。剛開始，他有些不情願，後來卻自動承擔這份工作，並將「真正的科學方法」運用其中。最後，教授也慢慢愛上了這件差事。

兩位最受尊崇的偵察員極力主張（其實比較像是嘰嘰喳喳地叫），應該讓弗雷德成為新領導團隊的一員，並擔任偵察隊長。愛麗思和路易士都覺得這個提議很棒，弗雷德也深感榮幸地接受了這項任務。

巴迪被委以多項較以往更為重要的任務，但他都一一婉拒。儘管如此，巴迪仍不吝協助領導團隊找到其他合適又優秀的人選。這種毫無野心的表現，充分展現他謙虛的美德，也獲得其他企鵝更多的敬重。

路易士退休了，變成企鵝王國中爺爺級的人物。他很享受這種清閒的生活，這是他之前從沒想過的。而現在脾氣較為收斂的愛麗思，則接替路易士成為新的企鵝國王。

隨著時間過去，企鵝王國持續進步發展，更加蓬勃興盛。企鵝們越來越懂得如何面對新危機、抓住新契機，這多少要歸功於他們從冰山歷險過程中學到的經驗。

　　小莎莉偶爾會與媽媽的一群朋友聚會，討論如何才能避免企鵝同伴們再次變得自滿、自大。企鵝們已經體認到墨守成規、自我滿足的致命性，尤其他們現在是以游牧民族的身分，生活在這個不算友善的世界上。他們甚至尚未徵詢愛麗思的同意，就開始了這項任務。儘管有些企鵝覺得這樣做有些不妥，仍義無反顧地進行。

　　有些企鵝覺得自己的任務在於讓事情有條不紊地發展，有些則急於採取一些必要的改變。這兩派之間的氣氛總是有點緊張，但是大部分企鵝都本能地了解，要在新時代中成長繁榮，就必須兩者兼顧，缺一不可。對於承諾會兩者兼顧且積極行動的企鵝，愛麗思很樂於在她忙碌的日程中安排會面行程，而面對那些不太積極的企鵝，她則顯得有些興趣缺缺。

　　路易士爺爺變成王國中的頭號老師。小企鵝們一再纏著他說偉大的第一次變遷故事（First Great Change）。剛開始，路易士實在不怎麼情願，擔心這麼做會讓他像個老愛吹噓自己光榮史的老古董（不管實際上真是如此，還是憑空想像）。但最終，他還是體認到將變革的特別步驟和經驗傳承給下一代的重要性。這些具體步驟包含了採取措施、應對變化，以及協助王國往前邁進的功臣所展現的各種領導行為。

❄ ❄ ❄

　　雖然路易士在說故事的時候不曾明確表示，不過，他覺得最了不起的改變，就是王國中許多成員對於「改變」這件事已不再如此懼怕。這個志願軍團現在已是一股不可抗拒的變革力量，而且這些強大的企鵝都不想再次錯過與他人共創非凡成就時，所能經歷的驚喜和學習機會。

　　最令這位前任國王感到驚訝的，是小企鵝們對王國的幫助。他因此更加疼愛他們了。

❋ ❋ ❋

劇終

（指的是故事，而非本書。）

❋ ❋ ❋

OUR ICEBERG IS MELTING

PART 2 | 變革之道

12 改變與成功

　　希望各位讀者喜歡這本書。如果你是聰敏的人，相信你已從本書的寓言故事得到一些靈感，並且知道如何在你的實際生活中運用哪一些重點。我們建議你開始採取行動，而不是始終停滯在思考階段，相信你的直覺！讓你的工作與家庭生活都更加圓滿！

　　如果你想多了解更多關於如何運用本故事中技巧的其他想法，請繼續參考我們以下所提供的資訊。

13 企鵝與你

　　本書故書中幾位主要角色的企鵝，都跟我們生活周遭的人有些共通之處，也可能跟你很類似。所以，首先請你想想，故書中哪一隻企鵝的行為模式最像你？是弗雷德？愛麗思？路易士？巴迪？教授？還是滿腔熱誠的志願者小莎莉？或者，你結合了兩隻企鵝的特質，例如大部分像弗雷德，但也有路易士強大的性格潛藏內心？

　　無論何時，當你在設法實踐新穎、大膽的想法時，殺出像非也這樣的程咬金，有很高的機率是在考驗你的勇氣與決心。這個寓言故事中的英雄，各以不同的方式促成了企鵝王國的成功變革，他們當中沒有一個是完美無缺，但卻缺一不可。所以不妨自問：故事中哪一種企鵝可讓你的才華更加出色，或是彌補你的不足之處？這樣的省思會是很有趣的練習。

14 成功變革的 8 個步驟

　　越來越多人遇上人生中正在融化的冰山。這雖帶來危機，但同時也是轉機，促使我們專心一致朝著一個方向前進——那就是不斷進步。融化的冰山有幾十種不同的形態，像是生產線的老化、學校跟社會日漸脫節、服務品質逐漸下降、企業策略越顯失效等等。而且，我們經常會被這些事情帶來的影響打敗，也不知道該如何預防。這群冰山企鵝解決問題，並將問題轉變成機會的獨特方法，事實上就是現今最為成功及創新之組織的核心特質。這些組織可能有 100 名員工，或是 10 萬名；可能是私人企業，也可能是公部門；可能是高科技產業公司，也可能不是。

　　以下是我們所提供的引導變革摘要整理。你會看到能助你成功實施變革的 8 個步驟，同時，也請你思考這些步

驟與你個人或組織等周遭環境的關聯性。在你的冰山危機
中，哪些人像弗雷德，在看見機會與威脅後，會主動、勇
敢地站出來面對？有沒有像愛麗思這樣的人，會幫助這些
人的聲音被聽見？故事中的這些企鵝朋友如何完成變革的
第 1、第 2、第 6 跟第 8 步驟？思考過後，請將它們實際
運用在你的處境中。你目前處在策略變革或實施過程中的
哪個階段？你在哪些方面做了改進？阻礙你順利進行的困
境是什麼？目前你應該將精力和注意力擺在哪一個或哪幾
個步驟？誠實地評估你的處境，並定期思考這些絕對有所
助益的關鍵問題。

搭建平台

步驟 1：建立危機意識

幫助大家意識到變革的必要，以及立即採取行動的重要。
開發越來越多專注於行動的精力。

思考點：

我們有十足的理由必須改變嗎？有足夠的人一致確認變革
的必要性嗎？為了讓大家看到並感覺到變革的必要，我們
的冰山模型或玻璃瓶是什麼？

步驟 2：成立領導團隊

確保成立一個強而有力的領導團隊，此團隊必須結合領導才能、公信力、溝通技巧、權威、分析技能和危機意識。

思考點：

我們有沒有一個會分享危機意識的核心團隊，就像故事中的路易士、愛麗思、巴迪、弗雷德和教授？這個團隊是持續朝著共同目標合作無間，設法提供解方，或是得像獵捕魷魚那樣，進行一次性的短暫合作？

做出決定

步驟 3：提出變革的願景和策略

讓大家清楚認知變革後的未來，會與過去有什麼不同？如何落實願景？

思考點：

成為可以自由遷徙的游牧族群，同時也代表了什麼？這個比較好的未來有足夠的吸引力嗎？有沒有一個值得信賴的途徑可以達到這個目標？有沒有一個如同海鷗這樣的指引，或是任何榜樣，可以成為我們仿效的對象？

實行變革

步驟 4：與眾人溝通願景

儘可能讓全體成員理解並接受變革的願景和策略。不再要求「停止反抗」，好讓更多人自願提供協助。

思考點：

我們有沒有像是海報，或對話小圈圈這樣的溝通策略？組織中各階層，有沒有足夠參與者協助溝通及傳達這些訊息？

步驟 5：授權員工參與

儘可能為願意投身變革、讓願景成真的人排除障礙，同時也鼓勵其他人同心協力清除障礙，真正做到創新。

思考點：

誰是相信願景，並意欲協助而使願景成真的策劃小組成員和偵察員？我們是否有清楚指出想要及需要他們協助的地方是什麼？我們有足夠人手嗎？是否有一套計畫，可用以應付像非也這樣只會叫囂、搞破壞的無知者，以及其他對成功不利的阻礙？

步驟 6：創造短期成效

儘快取得一些可明確看見的成果，如今天比昨天更好，明天將比今天更好。只要可行，溝通及慶祝這些「勝利」。

思考點：

我們是否有將第一步驟提供予偵察員，讓他們可以戰勝懷疑，並儘可能快速地達標？我們能否策劃一個像「英雄節慶典」這樣的活動，好讓英雄們的奉獻獲得認可，同時也慶祝我們的進展？

步驟 7：鞏固戰果並再接再厲

取得初步成果後要更加努力，不斷進行變革，直到願景變成事實。

思考點：

我們有沒有提高下一批偵察員資格的審核標準？哪些會議其實可以取消，不再召開，以免大家精疲力竭？我們還可以做什麼來保持動力？

鞏固成果

步驟 8：創造新文化

堅持新的行為方式，確保它們成功並日益壯大，直到取代舊有傳統。更有甚者，讓所有步驟成為你生活的核心方式，有助你適應日新月異的世界。

思考點：

我們有沒有將領導的角色賦予協助實現變革之人？偵察員有沒有獲得獎勵？如何將變革制度化，就像在企鵝學校中加入偵察訓練的研修課程？

15　團隊討論的力量

　　最後，我們來談談團隊討論的力量。在變革的過程中，很少有團隊會具備共同的心靈地圖（mental map）或語言來面對可預見的挑戰，以及找出解決問題的聰明辦法。近幾年來我們經常聽到「一致性」（alignment）這個詞，就是從這裡來的。因此，請把這本書也傳給一些同事閱讀，並訂出小組討論時間，或在最近已排定的會議行程中加入這個討論議題。

　　過去 10 年來，我們在許多會議中都曾看到這類大有助益的討論，以下提供幾個案例。每個討論的對話實際上都不長，在此回顧的部分討論細節也稱不上完善，我們只是想提供讀者可能的討論類型與方向，鼓勵大家去思考如何主導一場對個人及團隊都有利的討論。

案例 1：冰山有時候融化得很慢

第一則案例中，有十餘人在會議室進行了一個半小時的會議。會議前規定要做的功課，是閱讀《冰山在融化》，並反思近年眾人在組織內所做的變革努力。這麼做的目的，是希望他們可由自身經驗及周遭成員的經歷學習更多東西。會議開始沒多久，便出現了如下的討論：

> 「嗯……過去 3 到 5 年間，我們有沒有發生任何像冰山在融化的事件？」其中一人問道。
> 「當然，」第二個人很快地回答。
> 「我想，最明顯的例子，就是由客戶反映的滿意度。不過，這件事並不像故事中企鵝的經歷那樣戲劇化，他們的冰山可能幾個月後就崩塌了。我們雖然有類似問題，但過去這麼多年來，情況是逐漸惡化，而非戲劇性地突然發生，或顯現在每個人的臉上。」
> 「但是在這個寓言故事中，這些企鵝有著相同的問題啊！冰山因是持續緩慢地融化，所以讓人幾乎無從察覺。因此，當有人跳出來指出問題時，自然會出現這樣的反應：『證據在哪裡？你到底在說些什麼？』並以此推諉卸責。這就像我們會

辯稱『客戶滿意度稍微下跌，或任何衍生的問題，都是可以快速改善的』，或是『我們只是聚焦在負面部分，其實我們的服務水準還是擁有許多正面評價』的道理是一樣的。」

「現在回頭看問題當然比較容易，但在那個當下並非如此。」

「我想，當時這裡最大的問題，是團隊已享受多年的成功經驗，難免變得驕矜自滿。」

「那時有人像弗雷德嗎？」

「有，蘇利文像弗雷德，湯米也是。」

「的確。不過我想他們被打擊幾次後，便打退堂鼓。我不是在批評他們，因為那些打擊應該真的很深。」

「但是這裡要講的重點，或說更關鍵的重點，難道不是跟企鵝的故事一樣嗎？正因為冰山融化的現象發生得十分緩慢，所以很容易就忽視融化的事實，或是拒絕聆聽警告的聲音。」

科特及拉斯格博注解：請留意「冰山」語言究竟如何促進他們溝通。

案例 2：尋找你需要的人幫助你解決問題，而不是只找你身邊現存的人

這裡有另一個小案例，發生在不同的會議，不同的地方及時間：

> 「有沒有人看過什麼特別成功的重要變革？有案例嗎？」
>
> 「我得說，卡拉的團隊在 2 年前達成了許多目標，績效斐然，而且是在極短的時間內完成。正如我們都知道的，事情進行得非常順利。」
>
> 「嗯，我認同。」
>
> 「那他們是如何辦到的？」
>
> 「他們的成功至少有一部分要歸功於推動變革的團隊。」
>
> 「你的意思是？」
>
> 「卡拉就像路易士，而她的愛麗思是喬治・卡爾特。」
>
> 「然後她還有一個弗雷德。或許不只一個。」
>
> 「頌恩就是其中之一。他是很年輕的成員，滿腦子想法，雖然有時候顯得有些天真，但真的非常有創意。」

「提姆則有教授的特質。」

「而羅德里格斯就滿像巴迪。」

「卡拉是像路易士一樣，精挑細選這些人嗎？」

沒人知道。

「就我認識的卡拉，我敢說，她應該不只告訴她的團隊，他們即將成為資訊科技轉型的專案小組成員；她一定還跟每個人清楚提到，如果有人已經覺得忙得不可開交，或是眼前要負責推動的事務已經太多，或有其他理由無法參與，請直接拒絕接受這項工作任務。她只想要擁有一個真正想加入小組的團隊，如此才能朝著成功的方向戮力前進。這就是企鵝國王所做的。」

「沒錯。」

會議室有位成員看著剛剛回答「沒錯」的人問道：

「你最像這其中的哪個或哪些角色？」

「我嗎？」

「對，你。」

「我想或許 70% 像弗雷德，30% 像巴迪。」

一些人點頭。

「我們的團隊當中,有人像非也那樣嗎?」

幾乎所有人立即望向會議室中的其中一人。這個人發現後,說:

「我可沒『那麼』壞!」

> **科特及拉斯格博注解:**千萬別低估真誠的歡笑,以及那些並非損人利己的題外話的力量。它們可以減低壓力和防禦心理,並促進原本可能很難進行的重要溝通。

案例 3:任何變革的頭號殺手是?
接下來是另一個溝通案例的對話片段。一樣是不同的時間、地點跟組織:

> 「你們在這裡看到最失敗的變革是哪個案例?」
> 「對我來說,這個問題很容易回答,那就是『向前躍進』那個專案。」

會議室內大概有半數左右的人，都很快地點了點頭。

「為什麼它會那麼失敗？」

「我想他們從來沒有真正培養什麼危機意識。他們只是設立了一個專案辦公室，然後帶著一份計畫，大家都被分派執行其中的一部分。我很懷疑這當中有沒有一半的人了解整件事情的重點或重要性。有些人認為這個專案是個錯誤，有些人因為太忙就沒精力注意這件事。所以，即使這個專案辦公室的成員都很認真工作，大概也很快就會感到那份計畫根本窒礙難行。」

「真的有人設法培養危機意識嗎？」

「如果他們有的話，就不需要想方設法去說服那些始終抱持懷疑、不想改變的人。就像故事中的企鵝，可是經歷了玻璃瓶的插曲，透過冰山模型和路易士那段感性的談話，以及『英雄節慶典』等過程，才終於戰勝其他懷疑論者。」

「我想，剛開始時，他們確實有讓大家知道為何需要一些重要的變革，但那並非充分、有效的溝通。它充其量只是來自老闆備忘錄上的交代，或是其他一些公告的相關資訊，就像你說的，並不

是像故事中企鵝所擁有的那種遠程目標。」

「我想，在他們努力的整體過程中，溝通出了問題。例如，企鵝每天在冰山底下游泳時，都可以看到張貼的海報；但這個團隊沒有。他們也未持續不斷努力，或是有很多人幫忙，或者借助其他各種方法解決問題。」

「但一定有更新的專案報告。」

「這是肯定的，但我敢說，那份報告的對象僅限於該部門的管理者，而非其他數百人中，任何可能受影響者；或是多了他們的參與，就可能使情況改觀的人。」

「他說得對，我就沒看到什麼資料。」

「當然，他們一定也有少數——但數量遠遠不足——的熱心自願者，例如故事中的艾曼達、偵查隊或幼稚園小朋友莎莉。」

科特及拉斯格博注解：千萬別低估已為許多人所意識到的危機。這非常重要。

這是最後一個例子。

案例 4：經不起考驗的變革，不算變革

「從他們使用的所有衡量標準來看，新的『市場進入策略』（go-to-market strategy）執行得很成功。但若今天有人說這項成功經得起考驗，我會懷疑他們是否足夠客觀，是否仔細檢視了我們『進入市場』的實際做法和取得的成果。也許我們是朝著正確的方向前進了一些，但是與幾年前相比……」

「現在我們更像是回到過去在那邊一貫做事的方式了。」

「哪裡出了問題？」

「嗯……想想那些企鵝，他們做了什麼不一樣的事情？」

「相較於我們的情況，他們有更多人滿懷熱誠地投入那個使命，有更多人具備危機意識，有更多人體認及接受當時發生的狀態，有更多人推動變革發生。因為這是他們要的，他們是『自願的』。」

「以我們的情況來說，我們有一些商業案例的前期銷售。」

「我記得有一堆厚厚的 PowerPoint 文件。」

「我不記得了。」

「有的。但是在那之後，就變成只是把那項措施納入經營企畫和預算，然後再派人負責它。」

「但是我們向來都是這樣的啊，而且也都奏效。」

「並不是這樣。當我們那樣做的時候，多半是為了完成例行性工作，或是讓事情有一些小小進展，而那麼做似乎有效。但我們現在在這裡談的，是非常根本的變革。」

「你的意思是，區分『例行性跟微幅的進展』和『較大的改變』這兩者之間的不同，是相當重要的嗎？」

「對，而且這很值得我們在此好好討論。花一分鐘想想我們芝加哥辦公室做了些什麼⋯⋯」

科特及拉斯格博注解：當你在考量任何需要推動的變革時，請（用力）想想有多少人將會需要改變他們所做的事情。人數越多，這個議題就越會成為大規模的改變，而它需要的變革過程，也會跟小規模的變革完全不同。

這樣，你了解了嗎？

我們看到了最初的對話如何被導引到其他對話，然後再發展成更有建設性的對話。在這些更高效的對話中，思考變得更周密，資訊更豐富，大家也比較容易卸下防禦心理，同時也比較不會誤解他人表達的意思，因為他們有一個互為參照的共同點（a shared reference point）和語言。

我們發現，初步討論時，可能剛開始會有些表面上的尷尬，畢竟是一群嚴肅的成年人在談論一則愚蠢的寓言！這可能會引起有些人發出緊張窘迫的笑聲（但這並不是糟糕的事！），或是造成談話中那個感覺最受威脅的人企圖停止對話。但這時只要有一、兩個勇敢的成員能夠提出或回答一些相當理性的問題，這些討論就能順利進行下去。

我們鼓勵你試試看！

❈ ❈ ❈

本書結束

（想了解更多，請繼續往下參閱 Q&A ）

❈ ❈ ❈

作者 Q&A

※ 問題：是什麼原因讓你們想要出版《冰山在融化》的
　　10 週年新版？

約翰‧科特（以下簡稱科特）：對我來說有兩個原因。
第一，過去 10 年來，世界持續不斷發生重要變化，如果
沒有將一些相關的觀察與論點納入本書加以闡述，實屬
可惜。第二，在一些研討會中，我們從過去 10 年來運用
《冰山在融化》要點的人身上學到很多，例如他們為何覺
得這本書對他們有所助益。這些資訊我也想提供給現今的
讀者。

※ 問題：你們過去 10 年來學到了什麼？

科特：最基本的一點是，在很多地方、很多企業和大部分
的經濟領域中，改變的頻率持續上揚，連帶地，組織內部
重要的轉型變革次數也隨之增加。這些變革的發展涵蓋經
營管理、市場、行銷、金融等層面，將產生很大的影響。

冰山在融化
Our Iceberg Is Melting

赫爾格‧拉斯格博（以下簡稱拉斯格博）：舉例來說，今天隨便你走到哪，隨意地問一下：「在工作上，你們哪一位曾經參與推動一些變革？」無論是在管理會議中、行銷大會裡，或是工廠內的生產線上，你會看到舉手的人數比過去 10 年增加了許多，簡直多到令人瞠目結舌。而我認為，我們大部分人對這個事實都還沒準備好，至少還沒達到應該具備的程度。

我們將人力投入在發展和支援變革的行動與方案，然後便認為，生活跟過去的經驗自然會幫助我們學習及掌握相關的見解及技巧。但其實我們一再看到，當變革次數增多，而且是以大規模方式進行時，過去的經驗未必能給予我們好的指導，反而可能會是差勁的示範。

我認為，這就是本書的寓言故事之所以如此重要的原因，因為當你對什麼可以做、什麼應該做，以及什麼必須做感到困惑時，它可以幫助你找到溝通的語言和方向。讀者在這個故事中，至少可以看到這個過程。這個過程是奠基於真實的研究，以及我們在現實生活中遇到的無數情況；它很明確，但不表示容易做，可是很明確。

當你環顧四周，發現大部分的人都很困惑時，這個故事通常很有幫助。這則寓言故事的簡單核心，是一連串的行動步驟，這些步驟可以帶來顯著的改變，大幅提高你個

人和團隊的成功機率。

　　這是我們起初想寫這本書的原因，同時也是我們為何要增添新的見解，推出 10 週年新版的原因。我很確信，新版甚至比 10 年前的版本更加切題且重要。

❄ 問題：你們在新版中有修改原版的故事嗎？

科特：對於有在運用這本書，且固定閱讀我們其他作品的忠實讀者而言，我猜他們大概不會注意到我們細微修改的部分。這修改其實幾乎就像拍電影一樣，拍攝的總會比實際看到的還多。你不妨想像一下，電影導演在 10 年後再把片子拿出來，然後將觀眾回饋給他的所有意見做個「導演剪輯版」，為的是讓這部片子提供觀眾更強而有力的經驗。他甚至也把這 10 年來社會的變遷加入其中，也是為了讓它更能呼應現況，而獲得大家的認同與迴響。由此之故，一些在原本電影中沒有的台詞或較短的場景，就加入新版了。也許也會有一些台詞被刪掉。雖然只是小小的變化，可是意味深長。故事還是故事，但在新增我們這幾年學習到的東西，以及重新意識到變革談判的急迫性之後，我們希望它的影響力可以更大、更深遠。新版大致是做了這類修改。

冰山在融化
Our Iceberg Is Melting

拉斯格博：我這裡有個例子。在現今這個快速變遷的世界，我們經常發現很多公司推動的變革規模比 10 年前來得大，目標也更大，而且每件事都發生得非常快速，甚至剛開始時很難明確說出什麼會被改變。在這個情況下，不確定性變得越來越高，繼之而來的焦慮現象也更多。在這部分，我們看到有人可以妥善處理這些實際問題，所以也在新版中跟讀者分享。這也是一點小小的修改。

　　大家可以回想一下路易士走到團隊前面宣布冰山正在融化，他們需要趕快採取行動的那一幕。很明顯地，當時他手邊並沒有解決方案，甚至腦海裡也沒有，很多企鵝從原本認定「一切都很正常」的想法，一下子陷入驚慌和恐懼之中。這種現象幾乎就跟忽略「我們有一個問題」一樣都是有害的。所以在新版中，我們安排了巴迪和其他同伴去安撫那些容易焦躁不安、神經緊張而做不了任何事的企鵝。這部分我們也新增了一個段落；雖然只是小小的修改，但並非不重要的觀點。

※ 問題：你（科特）這幾十年來一直在從事組織績效的研究，以及驅動良好績效所需的領導能力，尤其是針對這瞬息萬變的世界。你的研究成果幾乎都是以專為經理人所寫的專業書籍的形式出版，但唯獨《冰山在

融化》這本，你卻選擇用非常不同的寫法——一則寓言故事，為什麼？

科特：我研究人類的學習模式已經有滿長的時間了。人類的大腦本能地就很容易接受故事，這是相當確定的。好的故事讓人容易吸收、容易記住，特別是當它具備感性的成分時。這大概是因為人類數萬年來都是用這種方式學習的。年長的領導者會告訴年輕一代，部族中哪個人曾經從劍齒虎嘴中搶奪晚餐而拯救了整個部族，或是怎麼被劍齒虎吃掉的這類偉大、戲劇性、有趣，又富含重要經驗的故事。

其中一種故事類型，就是動物的寓言故事。它的優點是篇幅短，而且可以吸引到相較一般傳統管理書籍更多的讀者群。如果寫得好，裡面的動物既有趣，又做了不平凡的事，就會成為獨樹一格的故事，而且特別容易讓人記住。好的故事蘊含一些基本觀點，它們會縈繞在你的腦海裡，改變你的作為。

於是，當拉斯格博帶著一個很棒的想法來找我時，我就在思考，也跟別人談論整體的構想，也就是如何將重要的管理經驗放入寓言故事中。

拉斯格博：這整件事的起源，是有人請我用 2 到 3 個小時的時間，為一大群經理人及行政主管介紹約翰《領導人

的變革法則》（*Leading Change*）中的 8 個步驟。我很清楚，光用 PowerPoint 來解說並不是理想的方法，於是我就想出一個很粗糙的故事情節，內容跟一個坐落在正在融化冰山上的企鵝王國有關。這群企鵝遇到了一些典型的挑戰，然後運用這 8 個步驟度過了重重難關。這是我們最終版本當初非常簡化的雛形。可是……

科特：然後拉斯格博寄給我一封簡短的電子郵件，告訴我他正在做的這些事。我覺得那實在是太有創意了，我非常喜歡。之後大約過了一年，順理成章地，我說：「我們來動手寫一本書吧！」

❊ 問題：所以這個寓言故事是取材自你的研究內容，以及研讀的真實故事？

科特：對。我甚至不知道你要追溯到多久遠以前，才能清楚看出這整個故事的脈絡，但是一定有 30 年，甚至可能更久以前。而過去 10 年來我們也學到很多。

❊ 問題：最近的研究成果也在這本新版中嗎？

科特：是的。舉例來說，我們學到，「危險」這個議題很容易吸引大家的注意，尤其是對非常志得意滿的人來

說，例如「你的冰山正在融化」。但是如果你持續用「危險」、「危險」、「危險」來刺激他們，他們會感到驚慌，但是驚慌對他們沒有任何助益，他們只會開始擔心自己或是家人，而不是群體，然後不安感會慢慢將他們磨耗殆盡。過去 10 年來有很多證據顯示，要能持續不懈地努力進行所需的重大變革，你必須把重點從「危險」轉移到「機會」。你還必須想出更多正面的術語。如此一來，那個團隊才不會覺得精疲力竭，才不會把焦點放在個人身上，而是會持續感到被激勵，進而全心為團隊努力。這是其中一例。

拉斯格博：這裡還有第二個例了。世界瞬息萬變，而且是越變越快，企業所迫切需要的，是能夠處理重大變革、及時符合需求，並能主動積極參與的人。這類成員的需求數量不但一直在增加，而且還是以倍率的方式成長。我們的傳統應變模式，無法產生那種廣博的作為與眾志成城的允諾，因此，如果把變革的要務交給你身邊始終如一的少數幾人來做，將會是個錯誤，而且也不會有任何成效。

你需要有更大的團隊來驅動它，或至少是多一些人來支援核心小組，而這當中，溝通一直都是相當重要的。如果有太多人參與或需要很多人參與，就需要更多、更頻繁的溝通，不能中斷，如此才能讓每個人持續參與其中，讓

大家齊心協力完成目標。你需要傳達成功的資訊讓他們謹守崗位，建立並維持他們的信心。你還需要持續傳達你的需求，並設定方針，讓那些願意投入實現願景的眾人，知道你到底在哪些方面需要幫忙，引導他們產生更好的創意與動機，而非只是造成過多無效的運作。

❋ 問題：你們為何會選擇企鵝當故事的主角？

拉斯格博：約翰之前那本關於 8 個步驟的書《領導人的變革法則》（*Leading Change*），封面上就已經有企鵝了，所以我們毫無疑問地做出這個決定。另外一個原因簡單來說，就是企鵝，特別是皇帝企鵝，非常有趣、吸引人，而且基於某種原因，很容易就能讓我們人類會心一笑，產生共鳴。

❋ 問題：有沒有什麼極具價值的資訊和觀念，是你們希望讀者謹記在心的？

科特：有。在動盪混亂的時機，擁有足夠的領導力不但非常重要，也很罕見；這裡指的領導力，不單是位居上位者的領導力，未必一定就只是那樣。當他人看到問題、缺失或威脅時，通常不會逃避問題、被動以待，而是抓住機會

解決問題的人，就是具有領導能力的人。那個人可能是你，或是任何正在看這本書的人。

拉斯格博：再來就是團隊合作。它需要的是能讓團體採取一致態度、合作無間的領導力。現在大部分工作都會牽涉到變革，要能弄清楚變革的任務是什麼，這 8 個步驟是非常好的指南。

※ 問題：你們有沒有想過出版一本像《冰山在融化 2》這樣真正的續集，而不只是 10 週年新版？

科特：有，我們曾經談過這件事。誰知道，將來我們或許會出續集。不過，繼《冰山在融化》之後，我們的思緒都集中在如何再加入一些案例，讓新的故事從冰山故事再延伸出去。所以我們就說：「我們來從頭做起吧！」於是，拉斯格博那很有創意的頭腦，就開始搜尋其他的故事情節和動物，最後我們終於完成了。根據我們最新的研究，這個故事講述的，不但遠遠超越了變革所能發生的過程，它還審視了變革當中更深層的力量。這次我們選擇了狐獴作為故事主角，或者說是拉斯格博做的選擇，而我同意他的想法。

拉斯格博：這些小巧又可愛的動物是非洲的狐獴，而書名是《這不是我們做事的方法！》（*That's Not How We Do It Here!*；聯經出版，2016）。故事寫來真的很有趣，我們也已收到許多讀者來函表示他們從中獲益良多。

科特：對此，我們當然覺得非常高興。我所有的研究，從某種意義來說也可說是我畢生的志業，讓我完全確信，領導及變革的學習與實踐，在未來還會變得更重要，而且會是所有想要達到這個目標的人必須具備的基本技能。

Big Ideas 19

冰山在融化

在逆境中成功變革的關鍵智慧【出版十週年暢銷萬本新版】

2019年1月初版	定價：新臺幣350元
2023年4月初版第二刷	
有著作權·翻印必究	
Printed in Taiwan.	

著　　　者	John Kotter	
	Holger Rathgeber	
譯　　　者	王　諶　茹	
叢 書 編 輯	林　莛　蓁	
校　　　對	王　育　姿	
封 面 設 計	萬　勝　安	
內 文 排 版	許　惠　真	

出　版　者	聯經出版事業股份有限公司	副總編輯	陳　逸　華
地　　　址	新北市汐止區大同路一段369號1樓	總 編 輯	涂　豐　恩
叢書主編電話	(02)86925588轉5305	總 經 理	陳　芝　宇
台北聯經書房	台北市新生南路三段94號	社　　長	羅　國　俊
電　　　話	(02)23620308	發 行 人	林　載　爵
郵政劃撥帳戶第0100559-3號			
郵 撥 電 話	(02)23620308		
印　刷　者	文聯彩色製版印刷有限公司		
總　經　銷	聯合發行股份有限公司		
發　行　所	新北市新店區寶橋路235巷6弄6號2樓		
電　　　話	(02)29178022		

行政院新聞局出版事業登記證局版臺業字第0130號

本書如有缺頁，破損，倒裝請寄回台北聯經書房更換。　　ISBN 978-957-08-5253-0 (軟精裝)
聯經網址：www.linkingbooks.com.tw
電子信箱：linking@udngroup.com

國家圖書館出版品預行編目資料

冰山在融化：在逆境中成功變革的關鍵智慧 / John P. Kotter、
Holger Rathgeber著．王謙茹譯．初版．新北市．聯經．2019.01．
168面．14.8×21公分．（Big Ideas；19）
譯自：Our iceberg is melting : changing and succeeding under any conditions
ISBN　978-957-08-5253-0（軟精裝）
[2023年4月初版第二刷]

1. CST：組織管理 2. CST：領導

494.2　　　　　　　　　　　　　　　　　　107023286